재미있는 속 나무이야기

권영한 지음

📖 전원문화사

2집을 펴내면서

　자연에서 멀리 떨어져 살면 사무치도록 그리운 것이 바로 떠나온 자연입니다. 풀 한 포기 나무 한 그루 심을 수 없는 공간 속에 살수록 싱그러운 나무가 더 그리워집니다.
　산업 사회의 발달로 많은 사람들이 정든 고향을 떠나, 직장 따라 도시로 갔지만 그래도 마음만은 언제고 고향 동산을 잊지 못합니다. 어릴 때 버들피리 꺾어 불던 시냇가의 버드나무하며, 여름이면 더위를 식히던 동구 앞 커다란 느티나무하며, 가을이면 나무 가득 탐스러운 열매가 주렁주렁 달리던 감나무하며, 겨울이면 흰눈을 흠뻑 머리에 이고 그래도 푸르름을 잃지 않는 앞산의 소나무하며…….
　이 모두가 그리운 고향의 그림자로 가슴 깊은 곳에 묻어 있습니다.
　이러한 정겨운 마음을 가진 사람들이 《나무이야기》 1집을 읽으며 혹은 방송을 들으며 나무와 공감해 왔습니다.
　그리고 전국에서, 많은 분들이 바쁜 가운데서도 격려와 사랑을 주어, 이제 또 그 계속인 제2집을 펴내게 되었습니다.
　제1집의 원고는 8분이라는 방송 시간에 맞추느라 여러 가지 제한을 받았습니다마는, 제2집은 아무런 제한 없이 자유롭게 원고를 작성하였기에, 나무의 실상을 더 자세히 전하였다고 생각합니다.

수많은 나무들 중에서 보통의 사람들이 잘 접할 수 있는 나무들만을 골라서 엮으려고 노력했습니다.
 이 한 책이 자연과 나무를 사랑하고 이해하려 하는 독자 여러분들의 마음에 다소의 도움이라도 되었으면 무한한 영광으로 생각합니다.
 그리고 이 책을 내가 가장 사랑하는 어린 혁준에게 줍니다.
 그가 큰 거목으로 자랐을 때, 할아버지가 혁준이를 얼마나 사랑했는가를 입증하는 증표로 이 책을 그에게 줍니다.

1992. 11. 1

저자 권영한

차 례

2집을 펴내면서 • 3

가죽나무 • 7
감귤나무 • 12
감람나무 • 17
겨우살이 • 22
계수나무 • 27
고로쇠나무 • 33
골담초나무 • 38
금송 • 43
능소화 • 48
닥나무 • 53
담쟁이덩굴 • 58
만병초 • 62
말채나무 • 67
메타세쿼이아 • 73
모란 • 77
무화과나무 • 82
물푸레나무 • 86
박달나무 • 92
뽕나무 • 97

사라수 • 104
사시나무 • 109
산초나무 • 114
수국 • 119
싸리나무 • 124
아그배나무 • 131
영산홍 • 135
오미자 • 139
위성류 • 144
이팝나무 • 148
일본목련 • 152
자귀나무 • 156
자작나무 • 161
잣나무 • 167
전나무 • 173
종려나무 • 178
주목 • 183
쥐똥나무 • 188
차나무 • 193
측백나무 • 199
치자나무 • 203
파초 • 208

팔손이나무 • 215
팽나무 • 220
포도나무 • 225
포인세티아 • 230
피나무 • 234
해당화 • 239
호랑가시나무 • 244
회화나무 • 250

I
가죽나무

　가을이 되면 천지는 온통 낙엽으로 가득합니다. 낙엽은 나무가 1년 동안 정성들여 만든 작품이기에 어느 하나를 만져 봐도 허술함이 없습니다.
　무엇이든 이 세상에 태어났다가 사라진다는 것은 슬픈 일이고 애석한 일이지만, 수많은 낙엽에는 그러한 슬픔이나 애석함이 없는 듯합니다. 때가 되면 당연히 떨어져 흙으로 돌아가는 것이 자연의 순리라는 것을 너무나도 잘 알고 있기에 가지에서 떨어져 나올 때는 이미 새로운 꽃눈이나 잎눈을 가지 위에 남기고 홀가분한 마음으로 떨어져 나와 한줌 흙이 되어, 다시 그 나무가 생기 있게 잘 살 수 있도록 밑거름이 되어주는 겁니다.
　그러므로 낙엽의 마음은 유유자적하며 허허로우며, 무상함이나 윤회의 법칙을 비관도 낙관도 하지 않는 겁니다. 대지에 깊이 뿌리박은 거목은 누구의 눈에도 아름다움의 경지를 넘어 거룩하고 신령스럽게조차 보일 겁니다.
　그러한 나무의 정성어린 작품이 바로 낙엽이기에 낙엽은 나무가 우리에게 주는 많은 사연이 담긴 편지라고 생각됩니다. 오직 우리 마음의 눈이 어두워서 그 깊은 사연을 읽을 수 없으므로 나무의 마음과 뜻을 모를 따름입니다. 그러므로 낙엽을 쓸어버린다는 것은 읽지도 않는 편지를 버리는 것과도 같은 것입니다. 수백 년 묵은 은행 잎이 땅을 노랗게 덮을 때는 무엇인가 하고 싶은 말이 꼭 있을 거고, 뾰족한 솔잎이 산허리를 푹신히 덮을 때도 무엇인가 그 속에 속삭임이 있을 겁니다. 쓸어버리기에는 너무나도 아까운 가을의 수많은 편지! 그 속에 진정 나무들의 마음이 담겨 있을 겁니다. 싸리나무의 작은 잎에는 작은 사연이, 오동나무의 넓은 잎에는 많은 사연이 담겨 있을 겁니다. 깃털과 같이 생긴 커다란 가죽나무 잎에도 우리가 읽어 볼 만한 사연들이 수없이 많이 적혀 있을 겁니다.

우산을 펴들고 서 있는 거인처럼 키가 크고 비교적 잔가지가 적은 가죽나무는 흔히 볼 수 있는 나무이고, 우리나라 전역에 넓게 분포되어 있는 친숙한 나무입니다. 옛날에는 서울에서도 이 나무를 한 때 가로수로 심은 일이 있었는데 그래서인지 지금도 가끔 이 나무를 서울 시내에서 볼 수 있습니다.

가죽나무 잎에서는 역겨운 냄새가 납니다. 이 냄새가 나는 곳은, 잎 아래쪽에 조금 큰 톱니가 서너 개 있는데, 그 톱니 끝쪽에 하나 붙어 있는 진한 색깔의 사마귀에서 나오는 것입니다.

가죽나무의 어린 잎은, 연할 때 따서 밀가루와 고추장을 바른 다음 잘 말려서 별미 반찬으로 먹기도 합니다. 특히 김천 지방에서는 이 요리를 옛날부터 잘 하였는데, 내가 김천중학교 다닐 때에도 하숙집 아주머니가 주는 이 가죽나무 요리를 처음에는 그 고약한 냄새 때문에 도저히 먹을 수가 없었습니다. 그러나 그후 맛을 들이니 너무도 맛이 좋아서, 지금은 다시 먹어보고 싶은 그리운 음식이 되었습니다.

가죽나무를 한자로는 가승목(假僧木)이라고 쓰는데 이는 가짜중이라는 뜻입니다. 왜 이 나무를 가짜중이라고 하였는지 그 이유는 잘 알 수 없으나 '가중나무'라는 발음대로 한자 표기를 하다 보니 가승목(假僧木)이 된 듯합니다.

가죽나무의 일본말 이름은 '니와우루시(庭漆)'인데 이는 이 나무의 잎이 얼핏 보기에 옻나무를 닮았다고, '마당에 있는 옻나무'라는 뜻으로 '니와우루시'라고 한 것 같습니다. 나무를 잘 모르는 어릴 때는 이 나무가 옻나무와 너무 많이 닮았고 또 나무에서 고약한 냄새가 나므로, 가죽나무를 옻나무인 줄 알고 겁을 낸 일이 있었습니다.

가죽나무

  영어로는 '하늘나무(天木 Tree of Heaven)'라고 부르는데, 이는 이 나무가 높이 큰다는 데에 깊은 인상을 받고, 하늘 나라의 나무라는 뜻으로 지은 이름이라고 합니다.

  소태나뭇과에 속하는 낙엽 활엽 교목인 이 나무의 원산지는 중국 대륙이지만 지금은 우리나라 전역에 고루 분포되어 있는, 완전 귀화한 우리의 나무입니다. 줄기는 밋밋하고 성장이 빠르며 지름 50cm, 높이 30m 정도이고 나무껍질이 회갈색입니다. 잎은 어긋나며 기수일회우상복엽(寄數一回羽狀複葉)으로 길이 60~70cm 정도입니다. 작은 잎(小葉)은 13~25개로 넓은 피침상 난형이며 털이 없고 표면은 진한 녹색이고 뒷면은 연한 녹색입니다.

가죽나무는 은행나무처럼 암나무와 수나무가 따로 있는 자웅 이주의 나무입니다. 수나무는 암나무에 비해서 세력이 강하고 꽃 냄새도 매우 나쁘고 또한 꽃가루가 많이 날려 알레르기를 일으키므로 가로수로 심기에 부적당합니다. 암나무는 가을에 낙엽이 질 때 수나무보다 일찍 낙엽이 지고 열매는 늦봄까지 오래도록 나무에 달고 있으므로 쉽게 찾을 수 있습니다. 한방에서는 봄과 가을에 뿌리의 껍질을 채취하여, 다시 겉 껍질을 벗기고 햇볕에 말려서 이질, 치질, 장풍(腸風)에 사용하고, 민간요법에서는 이질을 앓을 때, 혈변이 있을 때, 혹은 위궤양에 뿌리를 진하게 달여서 먹는다고 합니다.

옛사람들은 이 나무를 별로 좋아하지 않았으며 못쓰는 나무로 생각하고 그 이름도 저수(樗樹)라고 하였습니다. '樗'자는 '개똥나무 저'로서, 樗樹란 '개똥나무'라는 뜻입니다. 옛날부터 우리나라에서는 무엇이든 천하고 나쁜 것에는 '개'자를 붙여 왔습니다. 개멀구, 개살구, 개다래, 개비자나무 등 그 보기는 수없이 많습니다. 사람에게도 돼지 같다든지, 소 같다든지, 양과 같다든지 하면 별로 기분 나쁘게 듣지 않는데 개 같다고 하면 십중팔구 화를 낼 것입니다. 이렇게 싫어하는 개자를 붙여 그 개의 똥 같다고까지 혹평을 받는 이 나무는 옛사람들의 눈으로 보면 나무가 너무 무르고 연해서 재목으로도 쓸모가 없고, 먹을 만한 열매도 달리지 않으며, 땔감으로도 불꽃이 별로 없을 뿐 아니라 너무나 잘 썩기 때문에 아무튼 이용 가치가 없다고 천시를 했던 것입니다.

그러나 최근에는 목재 가공 기술의 발달로 전에 쓸모 없다고 하던 이 나무의 무늬가 특이해서 가구재 등 치장무늬목으로 널리 이용될 뿐 아니라 합판, 가구 제작용 펄프 재료로도 좋아서 지금은 없어서 못 쓰는 실정입니다. 이외에도 농기구나 건축의 잡용재로도 많이 이용됩니다.

속성수이므로 단시간 내에 많은 그늘을 만들어 주어 가로수로도 적격인데, 중국 북경 교외의 아스팔트길을 따라 끝없이 심어진 가죽나무 가로수는 매우 인상 깊은 장관입니다.

방랑 시인 김삿갓이 어느 때 금강산에 들어갔는데, 금강산 어느 작은 암자에 시를 잘 짓는 한 노스님을 만났습니다. 그 스님은 김삿갓에게 시

짓기 시합을 하자고 제의를 했습니다. 그리고 시합에 지는 사람은 벌로 이빨을 하나 빼주기로 하자고 하였습니다. 그리고 스님은 시 짓기 시합에 지금까지 이겨서 뺀 이빨이라고 하면서, 큰 자루에 넣어둔 한자루 가득한 이빨을 김삿갓에게 보였습니다. 시 짓기에 자신이 있는 김삿갓은, '이 고약한 노승의 이빨을 빼서 나쁜 버릇을 고쳐 주어야지.' 하는 생각으로 그 시합에 선뜻 응했습니다.

시합의 방법은 노승이 먼저 시를 읊고, 김삿갓이 그 대구를 짓는 방식으로 진행하기로 하였습니다. 이 두 분이 지은 만고의 명시 중에 가죽나무도 등장합니다. 그 일부를 소개하면 다음과 같습니다.

綠壁雖危花笑立 (스님) 절벽은 비록 위태로우나 꽃은 웃으면서 서 있고
陽春最好鳥啼歸 (삿갓) 봄이 가장 좋은 때이건만 새는 울면서 돌아간다.

影侵綠水衣無濕 (스님) 옷 그림자 푸른 물에 잠겼으나 옷은 젖지 않고
夢踏靑山脚不苦 (삿갓) 꿈속에서 청산을 걸었으나 다리가 아프지 않도다.

靑山賣得雲空得 (스님) 청산을 사고 보니 구름은 공짜로 얻은 셈이요
白水臨來魚自來 (삿갓) 백수물가에 오니 고기가 저절로 오더라.

假僧木折月影軒 (스님) 가죽나무 가지 부러지매 달 그림자 난간에 어리고
眞婦菜美山妊春 (삿갓) 참미나리 맛나매 산은 봄을 잉태했도다.

月白雪白天地白 (스님) 달도 희고 눈도 희고 천지도 희고
山深夜深客愁深 (삿갓) 산도 깊고 밤도 깊고 나그네 가슴속 수심도 깊다.

기록으로 남아 있는 이 두 분의 대구는 전부 16수인데 누가 이기고 지고 없는 실로 만고의 명구를 서로 토하면서 금강산의 밤을 유쾌하게 보냈다 하는 일화가 있습니다. 이 시에 가죽나무가 나오는 것을 보니 가죽나무는 우리나라에 널리 퍼져 있었던 것으로 생각됩니다.

2
감귤나무

　우리나라에는 여러 가지 종류의 과실이 철 따라 많이 열리지만 감귤만큼 사람들에게 많은 혜택을 주는 과실은 별로 없습니다.
　꽃에서부터 열매에 이르기까지 그 무엇이라도 쓸데없이 버리는 것이 거의 없는 나무입니다.

열매는 12월경에 수확하여 생과로 먹는데, 저장도 2~3개월 동안이나 가능해서 중요한 겨울 과실의 하나입니다.

사과나 배가 물론 겨울 과실로써 비할 수 없이 좋지만 먹을 때마다 일일이 껍질을 칼로 벗겨야 하는 번거로움이 따르는 데 반하여, 밀감은 칼 없이도 쉽게 껍질을 벗겨 먹을 수 있는 이점이 있기 때문에, 차 안에서나 사무실에서나 혹은 가정에서, 겨울철에 부족하기 쉬운 비타민 섭취를 위한 식품으로 많은 사랑을 받고 있습니다. 생과로 먹는 것 외에도 과즙으로 먹는 양도 무척 많아서, 지금은 국내 생산량으로는 모자라 외국에서 오렌지 과즙을 수입해서 먹기까지 합니다.

감귤차도 또한 일품이며, 눈이 펑펑 쏟아지는 날 밤 따끈한 유자차 한 잔을 마시면, 새콤한 향기와 함께 혀끝에 닿는 감칠맛은 어느 차에도 비길 수 없는 일품이며, 추위에 웅크린 몸의 피로가 풀리고, 감돌던 감기 기운마저도 사라져 버립니다.

또한 꽃에서는 달콤한 향료 네롤리(Neroli)유를 추출해서 향수로 사용하고, 껍질을 잘 말려서 한약재로 씁니다.

분에 심은 작은 나무에서 황색으로 물든 과일이 몇 개 열릴 때면 너무나 보기가 좋아서 사랑스러운 나머지 따먹는 것도 아깝고 보기만 해도 마음이 넉넉해집니다.

감귤(柑橘)은 운향과 감귤나무 아과(亞科)에 속하는 많은 식물군의 이름인데, 여기에 들어가는 종류는 감귤속(柑橘屬 Citrus), 금감속(金柑屬, Fdrtunella), 탱자나무속(Poncirus), 클리메니아속(Clymenia)에 속하는 4종(種)과 여기서 파생된 많은 변종의 총칭을 일컫는 말입니다.

감귤류의 원생지는 인도, 버마, 말레이반도, 인도차이나, 중국, 한국, 일본에까지 이른 광범한 지역인데, 특히 동부 히말라야 및 아삼 지방과 양자강 상류 지방은 중요한 품종의 원생지입니다.

우리나라에서도 제주도에서 많은 감귤이 생산되어 값싼 감귤을 안심하고 먹고 있는데, 제주도는 세계 감귤 재배지 중에서 가장 북부에 위치하고 있으므로 재배 품종에는 많은 제한이 있고, 1911년 일본에서 도입한 온주밀감이 주종을 이루고 있습니다. 그러나 우리 농민들의 부단한 연구와 노력으로 지금은 다른 여러 가지 신품종도 재배되고 있는 실정입니다.

1960년 초기에는 서귀포를 중심으로한 제주도 일부 지역만이 우리나라 유일의 감귤생산지로 되어 있었으나 그 동안의 많은 연구로 최근에는 해발 200m 이하 되는 제주도 일원과 남부 지방인 통영, 고흥, 완도, 거제, 남해, 금산 등지에서도 감귤류가 재배되고 있는 실정입니다.

그러나 그 생산량은 아직도 많이 부족하다고 생각합니다.

오렌지의 꽃 향기는 너무나 달콤해서 소녀의 향기라고도 할 수 있습니다. 여름철 유백색의 귀여운 꽃이 피면 그 주변은 온통 감미로운 향기로 별천지를 이룹니다.

오렌지 향료는 바로 이 꽃에서 얻어지는 천연 향료입니다.

오렌지색과 오렌지 향기는 옛날부터 많은 젊은 여성들의 사랑을 받아왔습니다.

여성들은 오렌지빛 사랑과 행복을, 사랑하는 사람으로부터 받기 소원하고, 오렌지 향기와 같이 달콤하고 매혹적인 속삭임을 간절히 바라며 살고 있습니다.

그리고 사랑하는 사람의 애정으로 정겹고 뜨거워진 여성들은 오렌지 열매만큼이나 달콤하고 풍부한 마음을 그들의 남자에게 바치며 살아갑니다.

사랑이란 목적이 아닙니다.

사랑 그 자체가 목적이고 또 오렌지빛 사랑을 이루려고 여러 가지 행복한 일들을 하는 그 정겨운 과정이 바로 사랑입니다.

그러므로 사랑이란 이루어 나가는 일들이지 이루어진 결과가 아닙니다.

사랑이란 해마다 피는 오렌지 꽃처럼 영원히 가슴속에서 샘솟는 무한한 샘물이고 숨겨진 보물이지 결단코 노출되고 도달될 종착역이 아닙니다.

바다에는 진주가 있고 하늘에는 별이 있듯이 우리의 마음속에는 사랑이 있습니다.

그러기에 인생은 즐겁고 청춘은 행복한 것입니다.

그러나 이러한 사랑도 늘 돌보지 않으면 사라져 버리고 빛을 잃어버리기 쉽습니다.

세상 모든 것처럼 사랑도 아끼고 소중하게 잘 관리를 해야 길이 아름답게 빛날 수 있는 겁니다.
  감귤에 대해서는 다음과 같은 재미있는 전설이 있습니다.
  옛날 중국 남부 지방에 아름다운 두 자매가 있었습니다.
  둘은 모두 나이가 차서 시집을 갔는데, 언니는 운 좋게도 부잣집에 시집을 가게 되어 넓은 기와집에 편안히 앉아 비단옷에 고깃국을 마음껏 먹으면서 호강을 하였지만, 동생은 가난한 농가에 시집을 가서 고생을 하며 살게 되었습니다.
  그리하여 동생은 매일 남편을 따라 산에 가서 나무를 해 머리에 이고 멀리 떨어진 장에 가서 그 나무를 팔아 근근이 살아갔습니다.
  장터에서 나무가 팔리지 않는 날이면 동생은 그 나무를 도로 머리에 이고 집으로 돌아오곤 했습니다.
  그렇게 가난하고 어려운 생활을 하면서도 동생은 누구도 원망하지 않고 부지런히 그리고 열심히 일하며 살아갔습니다.
  가끔 나무가 팔리지 않는 날에는 그 나무를 집으로 가져오기가 너무 무거워서, 나무를 바다에 버리고 돌아오기를 여러 번 했습니다.
  어느 날 또 나무가 팔리지 않아 동생이 나무를 바다에 버리려고 바닷가에 가니 갑자기 바다 속에서 아름다운 선녀가 나타났습니다.
  선녀는 동생에게 '용왕님께서 동생이 늘 나무를 해다주어 무척 고맙게 생각하고 그 보답을 하기 위해 동생을 용궁으로 데려오라고 하셨다.' 하는 것이었습니다.
  동생을 용궁으로 데려가면서 선녀는,
  "용왕님께서 무엇을 선물로 줄까 하고 물으시면, 다른 것 다 그만두고 '용왕님 곁에 있는 검은 고양이를 주십시오.' 라고 말하시요."
라고 하였습니다.
  용궁에서 맛있는 음식도 먹고 구경도 잘하고 며칠을 즐겁게 지냈습니다. 그리고 집으로 돌아오려하자 용왕님은 선녀가 말하였듯이
  "무엇을 선물로 줄까?"
하고 물으셨습니다.
  마음씨 착하고 남의 말을 잘 믿는 동생은 선녀가 시키는 대로 산더미

같이 많이 쌓인 금은 보화를 모두 마다하고 검은 고양이를 달라고 하였습니다.
　용왕님은,
"이 고양이는 다른 것은 아무것도 먹이지 말고 하루에 팥을 반 되씩 꼭 먹여야 하느리라."
하시며 고양이를 동생에게 주었습니다.
　검은 고양이를 집으로 가져온 동생은 용왕님이 시키는 대로 매일 고양이에게 팥을 반 되씩 꼭 먹였습니다.
　그랬더니 고양이는 매일 밤마다 반 되나 되는 황금을 똥으로 누었습니다.
　동생은 금방 부자가 되어 좋은 집도 사고 논과 밭도 사서 언니 부럽지 않게 잘 살게 되었습니다.
　이 소문은 곧 온나라에 퍼져서 언니 귀에도 들어갔습니다.
　욕심 많은 언니는 동생에게 그 고양이를 며칠간만 빌려 달라고 하였습니다.
　착한 동생은 언니에게 그 고양이를 건네 주었습니다.
　고양이를 갖고 온 언니는 빨리 황금을 많이 얻으려고 고양이에게 팥을 매일 한 되씩 먹였습니다.
　팥을 많이 먹은 고양이는 과식을 하여 황금의 똥을 누지 않고 물똥만을 쌌습니다.
　화가 난 언니는 그만 고양이를 때려 죽였습니다.
　이 소식을 들은 동생은 죽은 고양이를 찾아와서 양지바르고 따뜻한 곳에 고이 묻어 주었습니다.
　다음해 봄 그 무덤에서 감귤나무가 싹터 나와서 여름이 되면 동생의 착한 마음씨 같이 희고 향기로운 꽃을 피우고 가을이 되면 황금과 같이 누런 감귤을 맺어서 동생이 잘 따먹게 했다고 합니다.
　그래서 감귤의 꽃말은 착한 동생의 마음과 같은 '욕심없는 마음', '너그러운 마음'입니다.

3
감람나무
(橄欖나무)

20여 년 전 잘 아는 한 젊은 부인이 자주 우리 집에 와서 자기가 다니는 교회에 나오라고 전도를 했습니다.

그때 그 부인은 입버릇처럼 감람나무 이야기를 하였고, 자기 교회의 장로가 바로 감람나무라는 이야기를 힘주어 말하였습니다.

감람나무가 무슨 나무인지 잘 알지도 못하는 우리들은, 열변을 토하는 그 부인의 생각과는 달리, 빨리 그 부인이 그런 이야기를 그만하고 돌아가기만을 바라며 지루한 시간을 억지로 참고 있었을 뿐이었습니다.

그러나 그때 감람나무가 어떻게 생겼는지는 몰랐어도, 연꽃이 불교와 관계가 있는 식물이듯이 감람나무는 그 부인의 종교와 많은 관계가 있는 나무이구나 하는 것은 잘 알게 되었습니다.

만일 그때 그 부인이 감람나무라고 하지 않고 '올리브나무'라고 했다면 그 나무를 아는데 더 이해가 빨랐으리라고 생각합니다.

올리브를 한문으로 감람(橄欖), 제돈과(齊暾果) 혹은 제돈수(齊暾樹)라고 하기 때문입니다.

성경에는 여러 곳에 감람나무, 즉 '올리브나무' 이야기가 나오는데, 처음으로 나오는 것은 창세기(8:11) 속이며, 내용인즉 노아는 홍수가 멎었는지를 알아보기 위해 그의 방주에서 비둘기를 배 밖으로 날려 보냈는데 저녁 때가 되자 비둘기가 입에 감람나무 새 잎사귀를 물고 돌아왔으므로 홍수가 멎었구나 하는 것을 알게 되었다는 이야기입니다.

성경 맨 마지막에 나오는 요한계시록(11:4)에도 나오는데,
"이는 이 땅의 주 앞에 섰는 두 감람나무와 두 촛대니 만일 누구든지 저희를 해하고자 한즉 저희 입에서 불이 나서 그 원수를 소멸할지니 누구든지 해하려 하면 반드시 이와 같이 죽음을 당하리라."
라고 하는 구절입니다.

그외에도 열왕기하, 미가, 호세아, 야고보서, 누가복음, 시편, 스가랴, 이사야, 로마서, 예레미야 …… 등 성경 전편 속에 감람나무가 자주 등장을 합니다.

기독교에서는 감람나무를 약속의 땅에서 받을 축복의 하나로 생각합니다. 이 나무는 토심이 얕고 척박한 산기슭에서도 별 탈없이 잘 자라고, 수

확은 많으며, 열매로부터 짠 기름은 여러 가지 용도에 이용되고, 잘 익은 열매는 생과로도 먹을 수 있고, 가끔 즙으로 만들어 식사 전후에 양념으로도 먹을 수 있는 등 많은 용도로 쓰이기 때문입니다.

내가 감람나무, 즉 올리브(Olive)나무를 실컷 본 것은 호주 여행 때였습니다. 농장에서 집단 재배함은 물론이고 가로수로도 심겨진 올리브나무를 보았습니다.

물푸레나뭇과에 속하는 상록 교목인 이 올리브에는 야생종과 재배종의 두 가지가 있는데, 재배종은 야생종에서 개량 육성된 것으로 추측되고, 야생종은 지금도 남유럽에 넓게 분포되어 있습니다.

올리브 재배의 기원은 너무나 아득해서 확실치 않으나 BC 3000여 년 경에 이미 시리아, 그리스 해안에서 재배되었다고 하며, 현재는 지중해 연안 각지와 남플로리다, 시드니 등지에서 많이 재배하고 있습니다.

그리하여 올리브와 올리브유의 수요는 점점 늘어 지금은 올리브유의 세계 총 생산량만도 약 107만 톤 이상이나 된다고 추산합니다.

올리브는 높이 7~10m에 달하는 상록의 작은 나무로 마치 버드나무잎과 같이 생긴 길쭉한 잎이 대생하고 잎의 표면은 올리브색이고 뒷면에는 흰털이 많이 나 있습니다.

꽃은 작년에 자란 가지의 엽액(葉腋)에 화방이 생기고 한 화방에는 약 10~20개의 꽃이 생기며 개화기는 5월이나 6월 초에 시작하여 약 2개월간이나 됩니다.

흰색의 작은 꽃에는 암술 1개, 수술 2개가 있는데 풍매(風媒)를 주로 하지만 사과나무처럼 자가불임성이 높아서 다른 여러 가지 품종과 혼식할 필요가 있습니다.

꽃에는 암술 머리의 발육이 불완전한 꽃도 많이 있어서, 이런 꽃은 결실을 못 하나 화분만은 수정 능력을 갖고 있습니다. 100개의 꽃 중 1개만 수정되어도 충분하다고 합니다.

열매의 생김새는 품종에 따라 구형, 장원형, 계란형 등이 있고 과육 속에는 7~30%의 기름기가 들어 있으며 종자 속에도 거의 같은 정도의 기름기가 들어 있습니다.

열매는 완숙하면 흑갈색으로 착색되는데 용도에 따라 수확기를 달리합니다.

중요한 용도는 역시 유용이며 기타 염장용(鹽藏用), 생식용으로도 쓰입니다.

염장용 올리브는 착색 전에 수확하여 2%의 가성소다수에 20시간 정도 담가서 잘 우려내고 그후 식염수에 담그는데, 식염수는 2%에서 시작해서 순차적으로 농도를 높여 최후에는 8~10%로 하여 3~5개월간 저장 발효시키는 것이 보통입니다.

올리브에 대한 전설로는 다음과 같은 이야기가 있습니다.

스칸디나비아의 웃음과 기쁨의 신인 '바르데르'는 영원히 살 수 있는 생명을 얻지 못해서 그의 친구인 다른 신들과 언젠가는 이별하지 않으면 안 될 슬픈 운명에 놓여 있었습니다.

그래서 모든 신들과 서로 의논한 결과 그에게도 영원히 살 수 있는 자격을 달라고, 우뢰의 신인 '트루'에게 간청하기로 하였습니다.

그리하여 어느 날 모든 신들은 '트루'에게 달려가서 '바르데르'에게도 영원히 살 수 있도록 해 달라고 부탁을 하였습니다.

'트루'는 신들의 이야기를 듣고, 이 세상의 모든 동식물들에게 '바르데르'를 해치지 않겠다는 서약을 받아 오면 그리 해 준다고 했습니다.

'바르데르'의 부인인 '니나'와 친구 신들은 곧 땅으로 내려와서 모든 동물들과 식물들에게 '바르데르'를 해치지 않겠다는 약속을 받기 시작하였습니다.

그런데 질투의 신인 '로키라'는 이 서약을 방해하려고 까마귀로 변장해서 참나무에 붙어 있는 겨우살이(기생목) 위에 앉아, 겨우살이를 '니나'와 다른 신들이 보지 못하게 날개 밑에 감추었습니다. 그리하여 겨우살이로 하여금 서약을 못하게 하였습니다.

'니나'와 다른 모든 신들은 그런 줄도 모르고 이 세상의 모든 동식물에게 빠짐없이 서약을 다 받은 줄 알고 안심을 했습니다.

그리하여 어느 날 많은 신들이 한자리에 모여 활 쏘기를 하는데, 질투의 신 '로키라'가 활촉 끝에 몰래 겨우살이를 달아 놓았으나, 그것을 모르는 다른 신들은 그 겨우살이 활촉으로 '바르데르'를 쏘았습니다.
 '바르데르'를 해치지 않겠다는 서약을 안 한 겨우살이 활촉은 그만 '바르데르'의 심장을 명중해서 '바르데르'를 죽이고 말았습니다.
 그때 흘린 '바르데르'의 붉은 피는 감람나무에 뿌려져 열매가 붉어졌고 그때까지 희던 까마귀는 검게 변했으며, '바르데르'가 죽음으로써 웃음과 기쁨은 영원하지 못하게 되었다고 합니다.
 올리브에는 여러 가지 품종이 있는데 그 중 가장 많이 재배하는 것은 미션(Mission 겸용종), 루카(Iucca 油用種), 만자닐로(Manzanillo 겸용종) 등 3가지 품종이 가장 대표적입니다.
 또 감람나무에는 위에서 말하는 물푸레나뭇과에 속하는 것 외에 감람나뭇과에 속하는 것이 또 하나 있는데, 중국 남부와 인도차이나 등에서 자생하는 나무이며, 언뜻 보기에는 올리브와 비슷하나 식물학적으로 전혀 다른 과에 속하는 나무입니다.
 성경에 나오는 감람나무는 여러 가지로 연구해본 결과 물푸레나뭇과에 속하는 감람나무인 것으로 생각됩니다.

4
겨우살이

내가 겨우살이를 처음 본 것은 오래 전, 소백산 겨울 등산 때였습니다. 낙엽 진 황량한 참나무 숲을 지나갈 때, 높은 나무 가지 위에 마치 까치집과 같이 생긴 푸른 것들이 군데군데 있는 것을 보고 무척 신기하게 생각하였습니다. 지금도 늘 자주 가는 도산서원 입구에서도 늙은 참나무 가지 위와 단풍나무 위에 겨우살이가 여러 곳에 많이 피어 있는 것을 볼 수 있습니다.

쌍자엽식물과에 속하는 겨우살이는 참나무, 물오리나무, 버드나무, 팽나무 등 많은 나무들에 뿌리를 박고 기생하는 기생식물입니다.

여름철, 나무들의 잎이 무성할 때는 푸른 잎에 가리어 눈에 잘 띄지 않으나 기생하는 나무가 낙엽이 진 겨울철이 되면 잘 보입니다.

사람들 중에도 놀고 먹는 자가 더 살이 찌고 번들번들하듯이, 겨우살이도 자기의 힘으로 흙 속에 뿌리를 박아 양분을 섭취하는 것이 아니라 다른 식물이 애써 섭취한 양분을 공짜로 가로채어 먹고 놀며, 높은 가지 위에서 좋은 경치를 마음껏 구경하고, 시원한 바람도 마음껏 쐬고 사는 얌체 식물답게, 기생하는 나무들이 겨울 추위에 맥을 못추고, 낙엽져서 앙상한 가지만 남겼는데도, 그들은 피둥피둥 살이 쪄서 푸르름을 잃지 않고 있습니다.

겨우살이 입장에서 보면 놀고 먹으니 팔자가 좋다고 할 수 있겠으나 기생당하는 나무의 입장으로 본다면 애써 모은 양분을 모조리 수탈해 가버리니 무척 밉고 귀찮은 존재일 겁니다.
 우리 인간들의 사회에도 이마에 땀을 흘려서 돈을 버는 것이 아니고, 부동산 투기나, 사기, 공갈, 협박, 절도, 도박 등 옳지 못한 방법으로 남의 돈을 뜯어서 놀고 사는 얌체족이 있는 것과 같습니다.
 뿌리를 땅에 박고, 흙으로부터 무한히 많은 양분을 섭취해서 자력으로 살아가는 나무들은 안정된 상태에서 천수를 다 누릴 수 있으나, 겨우살이처럼 다른 나무에게 뿌리를 박고 사는 얌체족들은, 겉보기에는 화려한 듯해도 그 수명이 길지가 못하고, 모든 운명이 기생하는 나무에게 달려 있다는 것을 알아야 합니다.
 용비어천가에서도 '뿌리 깊은 나무는 바람에 움직이지 않고 꽃피고 열매를 많이 맺는다.'라고 하였습니다.
 이 세상 모든 사물에는 반드시 본말이 있는 법으로 뿌리가 굳세게 서면 끝도 꼭 안전한 법이니, 만사는 근본을 단단히 해야 하는 겁니다. 그래서 우리의 삶에도 나의 뿌리를 잘 알고, 그 뿌리를 찾아서 받들고 모시면 집안이 편안하고 자손이 어질어진다는 것입니다.
 제사를 지낼 때 3실과라고 해서 밤, 대추, 감을 쓰고 있습니다. 다른 과실을 다 제쳐 놓고 이 3가지 과실을 꼭 쓰는 이유는, 밤은 땅에 밤톨을 심어 발아한 다음, 밤나무가 제법 큰 후에도 밤나무 묘목을 캐보면 씨앗으로 심은 밤이 삭지 않고 생생하게 달려 있다고 하는 뜻에서, 근원을 잊지 말아라! 즉 조상의 뿌리를 알아라 하는 뜻으로 쓰고, 대추는 열매가 여러 개 많이 달리는 나무이니 대추처럼 자손 번창하라고 쓰고, 감은 감씨를 심어도 감이 되지 않고 고욤이 되면 꼭 접을 붙여야 좋은 감을 얻을 수 있는 것과 같이 사람도 아무리 좋은 재목이라도 꼭 좋은 사람과 접목시켜 교육을 시켜야 훌륭한 사람이 된다는 뜻에서 감을 쓴다는 겁니다.
 그러나 겨우살이는 튼튼한 뿌리를 갖지 못하며 든든한 곳에 뿌리를 내리고 살지 못하기 때문에 그 생명이 하루살이와 같다고 하겠습니다.
 앞에서 말한 대로 쌍자식물과에 속하는 이 겨우살이는 주로 참나무, 물오리나무, 버드나무, 팽나무 등에 뿌리를 내리고 기생해서 사는 상록 기생식물이며, 생김새는 마치 새둥주리처럼 둥글고 큰 것은 지름이 1m에 이르는 것도 있습니다. 다육질인 피침형 잎은 항상 2장이 마주나고 길이는 3~6cm 정도이고 끝이 둥글거나 무디며 잎자루는 없습니다. 가지는 마디마다 두 갈래로 갈라져 나가면서 많은 잔가지를 치고, 줄기와 가지의 빛깔은 황록색이고 미끈하며 털이 없습니다.

이른봄에 가지 끝마다, 가지에 밀착되어 크기 3mm 정도 되는 두세 송이의 작은 종모양인 노란 꽃이 피는데, 꽃이 지고 나면 지름이 6mm 정도 되는 작은 열매가 결실하고 익으면 노란빛으로 물듭니다.

이 열매를 새가 쪼아먹고, 그 새가 다른 나무 가지 위에 똥을 누면 그 배설물 속에서 발아하여 다른 나무로 겨우살이가 번져 나갑니다.

우리나라뿐만 아니라 일본, 중국, 만주, 아프리카 등 여러 곳에 분포되어 있는 이 겨우살이는 나무를 말라 죽게 하고 생장에 해를 주지만, 그 속에 루페올, 아세틸콜린, 올레아놀릭산 등의 약성분이 들어 있어서 가지와 잎 전체를 약재로 쓰며 한방의 약명으로는 상기생(桑寄生), 우목(寓木), 기동수(寄童樹), 기생수(寄生樹)라고도 하며 강장, 진통, 안태(安胎) 등에 효과가 있고 혈압을 낮추어 주기도 하고 월경이 멈추지 않는 증세 등에 쓰인다고 합니다.

여러 가지 겨우살이 중에서도 특히 삼짇날(음력 3월 3일)에 뽕나무에서 따낸 겨우살이가 가장 약효가 좋다고 하여 진귀하게 생각하는데, 뽕나무에 기생하는 겨우살이가 매우 드물기 때문일지도 모릅니다.

옛날 갈리아 및 브리튼 섬의 선주 민족인 켈트인의 고대 종교에 드루이드(Druides)교라는 종교가 있었습니다. BC 1세기경까지 숲속에서 산 사람을 신에게 바치는 인신 공희(人身供犧)를 하였던 신비로운 종교의 하나였습니다.

그들은 타종교인 그리스도교 포교에 저항하는 정치적 비밀결사 역할까지도 하였으므로, 그냥 방치하면 그리스도교에게 위험이 있다고 해서 로마 군인들로부터 탄압을 받아 6세기 말경에 소멸되고 만 고대 종교입니다.

4 • 겨우살이   25

겨우살이

그들은 그들의 신이 참나무에 깃들어 산다고 생각하고 참나무 숲이 그들의 신성한 기도장이었습니다. 그리고 참나무 위에 푸르게 나 있는 겨우살이는 신의 손으로 만들어진 대단히 신성한 것이라고 생각하였습니다.

가을에 참나무 잎이 모두 떨어져버리면 신은 겨우살이 속으로 들어가서 겨울을 나고 봄이 되면 다시 참나무로 옮겨가서 산다고 믿었습니다.

그러므로 매년 섣달이 되면 드루이드교의 제사장은 이 신성한 겨우살이를 채집하는 큰 의식을 하게 되는데, 흰옷을 입은 승려가 황소 두 마리를 매어둔 참나무 위에 올라가서 황금으로 만든 칼로 조심스럽게 겨우살이를 끊어냅니다. 그리고 채집한 겨우살이를 제단 위에 올려 놓고 제사를 지내고 기도를 하는데, 이때 겨우살이를 담은 항아리의 물은 모든 병을 고칠 수 있는 영약이라고 믿었습니다. 그래서 이 물의 이름을 모든 것을 치료하고 고칠 수 있다는 뜻으로 '옴니아 사난스(Omnia Sanans)'라고 했는데 '옴니아'는 모든 것, 즉 전체라는 뜻이고 '사난스'라는 말은, '병을 고친다, 치료한다' 라는 뜻이랍니다.

아무튼 겨우살이가 이상하고 신비스럽게 보이기 때문에 옛날 사람들은 이상하게 해석하였는지 모릅니다.

젖소로 유명한 홀스타인 지방에서는 겨우살이를 마귀의 지팡이라고 말하였으며 겨우살이로 된 지팡이를 가지고 밤길을 걸으면, 그 사람의 눈에는 유령이 다니는 것도 훤히 보인다고 하였습니다.

5
계수나무

　나는 어릴 때 할머니께 달 속에는 커다란 계수나무가 있고, 그 계수나무 가지에 그네를 매어 선녀들이 그네를 타고 논다는 이야기를 늘 들었습니다.
　그래서 보름달이 밝을 때면 계수나무 가지에 그네를 타고 노는 선녀를 보려고 달을 쳐다 보고, 달의 어두운 부분이 계수나무가 아닌가 하고 여러 가지로 상상을 했었습니다.
　그런데 그 달에 극성스러운 사람들이 거기까지 달려가서 달의 암석을 채취해 오고 달에는 생명이 없다는 것을 발표했을 때, 과학적으로는 위대한 업적을 이루었고 옳은 일을 하였지만, 정서면에서는 꿈과 동화를 모두 한꺼번에 깔아뭉갠 듯한 것 같아 허탈감마저 느꼈습니다.
　신비로운 것과 부풀은 꿈을 간직한다는 것은, 그것을 간직한 사람들의 정서를 더 풍요롭게 하고 삶의 기쁨을 배가해 주는 것입니다.
　지금도 지구 어느 한 구석에서는 달을 보고 이루고자 하는 소원을 비는 사람들이 있는데 그런 사람들의 행위를 한마디로 미신으로만 몰아붙일 것이 아니라고 생각합니다.
　달에게 소망을 기원하면서 그 소망이 이루어지도록 성실하게 노력하며 살아간다면, 그 사람에게는 달이 자기의 마음을 의지할 위안처가 되고, 자기를 도와주는 수호신이 되기도 하므로 존경과 믿음의 대상이 되고도 남음이 있을 겁니다. 그리고 정신적으로도 안정된 삶을 살 수 있을 것입니다.
 지나친 타산으로 이치만 따지는 경우보다, 더 너그럽고 여유로우며 인간미가 넘쳐흐릅니다.
 그러므로 우리 주변에 이상하고 신비로운 것이 더러 있어도, 그런 것을 그대로 소중하게 간직할 줄 아는 슬기도 또한 가져야 한다고 생각합니다.
 무엇이든지 모두 파헤쳐 보는 것은 결과적으로 마음의 빈곤을 초래할 뿐입니다.
 히말라야산에 설인(雪人)이 사는지 안 사는지, 영국 어느 호수 속에 넨시라는 괴물이 사는지 안 사는지, 그것을 꼭 밝힘으로써 우리의 생활에 어떠한 이득이 있습니까?
 그와 같은 것은 확실히 규명하는 것보다 영원한 수수께끼로 남겨두고 사람들의 상상에 맡기는 것이 인간 생활에는 더 이로울 것이라고 생각합니다.
 그러므로 나는 인공 위성이 달에 가거나 말거나 달을 보고

 달아 달아 밝은 달아 이태백이 놀던 달아
 저기 저기 저 달 속에 계수나무 박혀 섰네
 금도끼로 찍어내고 옥도끼로 다듬어서
 초가 삼간 집을 지어 양친 부모 모셔다가
 천년 만년 살고 지고 천년 만년 살고 지고…….

하는 옛노래를 부르며 살 것입니다.
 달 속에 있어야 할 계수나무는 일본 원산의 낙엽 활엽 교목으로 원산지에서는 높이 25m 지름 1.5m에 이르는 거목입니다.
 중부 이남 지방에서 관상용으로 잘 심는 이 나무는, 나무의 생긴 모양이 품위가 있어 보이고 깨끗한 느낌을 주며, 곧고 바른 줄기에 위를 처다 본 많은 가지들이 조화롭게 잘 붙어 있으므로 옛 선비들의 눈에 이 나무가 매우 기품이 있고 좋게 보였는지 모릅니다.

계수나무

그래서 다른 나무를 모두 제쳐두고 이 계수나무를 달 속에 심었는지도 모릅니다.

계수나무는 계수나뭇과에 속하는 나무인데, 계수나뭇과에는 계수나무속 하나만 있으며 그 속에는 모두 3종류의 나무가 있습니다. 그 중 둘은 일본에 있고 나머지 하나가 중국에 있습니다.

잎 뒷면에 약간의 털이 나 있는 것이 중국 원산의 계수나무입니다.

가을이면 노랑색으로 예쁘게 단풍이 들고 겨울에는 잎이 떨어지는 활엽수입니다.

잎이 진 다음에 노출되는 계수나무의 나목은 마치 옷에 가리어 보이지 않던 여인의 육체처럼, 굵고 가는 가지들이 파란 하늘 위에 허허롭게 뻗으며 온갖 곡선을 그리는 것이 무척 아름답습니다.

토심이 깊고 배수가 잘 되는 사질 양토에서 잘 자라고 추위에도 비교적 잘 견디며 이식도 잘 되는 편입니다.

나무껍질은 붉은 갈색이며 세로로 얇게 갈라지는 특색이 있습니다. 잎은 둥글고 심장형이며 마치 박태기나무 잎과 비슷한데 가장자리에 톱니가 있고 끝쪽에 특수한 액체를 분비하는 선점(線點)이 있습니다.

계수나무도 은행나무처럼 암수, 수수가 따로 있는 나무입니다.

초봄, 잎이 피기 전에 붉은색 꽃이 피는데 암꽃, 수꽃 모두 꽃잎과 꽃받침이 없으며, 암술, 수술만 있는 이상한 꽃이 피는 것이 특색입니다.

꽃은 엽액에서 한 개씩 피는데, 암꽃에는 4개의 암술이 짧은 안테나처럼 위를 향해 돋아나고, 수꽃에서는 약 15개쯤 되는 긴 원통 모양의 수술이 아래를 향해 늘어집니다.

꽃잎이 없는 꽃인데도 꽃은 아름답고 향기가 진해서, 꽃이 만발하면 나무 전체가 꽃과 향기로 그윽합니다.

열매는 한 꼬투리에 4~5개씩 열리며 길이 15㎜ 정도의 구부러진 원추형을 이루고 종자는 납작하며 한쪽에 날개가 있는데 크기는 5~6㎜쯤됩니다.

계수나무는 목질이 좋아서 여러 가지 용도로 쓸 수 있고 주로 가구 제조, 합판재, 가구재, 바둑판, 악기 제조 등에 씁니다.

번식 방법은 가을에 잘 익은 종자를 채취해서 노천 매장하였다가 다음 해 봄에 파종합니다.

정월 대보름 밤에도 8월 한가윗날 밤에도 둥근 달이 뜨지만 가을에 뜨는 한가윗날 밤 달이 내게는 더 밝고 크게 보입니다.

정월 대보름날 밤 달은 우선 그때가 계절적으로 추울 때라 한가로이 밖에 나가 달을 구경하기에는 너무나 몸이 수고롭습니다. 그러나 추석날 밤 달은 멀리 흩어져 살던 친척들이 모두 한데 모여 풀벌레 소리 속에서 어른, 아이 할 것 없이 모두 맛있는 햇과일이라도 먹으며 느긋하게 구경할 수 있어서 더 친근감이 나는 것입니다.

그러나 달은 언제 봐도 같은 그 달 같은데 옛날 내가 어릴 때 보던 달은 그 속에 계수나무도 있고 옥토끼도 살고 선녀도 살았는데, 요사이의 달은 그런 것들이 모두 죽어 버린 삭막한 달이라는 점이 다릅니다.

만일 요사이의 아이들에게 달 속에 계수나무가 있고, 토끼는 약초를 캐서 방아를 찧고 있다고 이야기하면 모두 입을 모아 거짓말이라고 할 것입니다.

바로 그 아이들이 그렇게 말하는 그 순간 달 속에 계수나무는 죽고 마는 겁니다.

과학의 발달로 용도 죽고, 봉도 죽고, 손오공도 죽고 …… 많은 것이 모두 죽어 버렸습니다.

이제 마지막으로 하나 남은 것은 '마음'입니다.

이 '마음'마저 과학의 힘으로 죽여 버리지나 않을까 두려울 따름입니다.

한 번 죽어 버린 달 속의 계수나무는 영원히 다시 살 수 없듯이, 만일 '마음'마저 죽여 버린다면 인류는 모두 꿈과 희망을 잃고 그날로 멸망하고 말 것입니다.

연화사(蓮花寺)벽에 '千江有水千江月'이라는 말이 적혀 있습니다.

하늘에 달은 오직 하나라도 그 달이 비추는 강이 천 개이면 달의 그림자도 천 개가 된다는 말입니다.

사람의 마음이 살아 있으면 천 사람의 마음에 뜨는 달이 천 가지로 다양 할 수도 있는 것입니다.

옛날 옛날 TV가 없을 때, 천 사람의 마음에는 천 가지나 서로 다른 달 속에 계수나무가 다양하게 살아 있었습니다.

그러나 요즘은 어떻습니까, TV라는 커다란 괴물이 사람의 상상력을 모두 잡아먹어 버렸습니다.

그리하여 사람들은 TV가 지시하는 대로의 생각밖에는 못하게 되었습니다.

국민학생들에게는 '강시'도 '도깨비'도 '귀신'도 모두 TV화면에 상영된 대로 똑같이 인식되어 있고 옛날처럼 각자 자기 나름대로의 상상과 생각을 키워 가는 것과는 거리가 멀어졌습니다.

정말로 귀중한 사람의 꿈과 낭만! 우리는 끝까지 잘 지키고 살려야 하겠습니다.

6
고로쇠나무

매년 경칩 무렵이 되면 선암사에는 전국에서 모여든 많은 자가용차들로 발을 들여놓을 틈도 없습니다.

전남 승주군 쌍암면 조계산(曹溪山)의 동쪽에 위치한 선암사는 백제 성왕 7년(529년)에 아도화상(阿道和尙)이 창건하였고, 신라 경덕왕 1년(742년)에 도선국사(道詵國師)가 중창(重創)한 절입니다.

창건할 당시는 신라, 백제, 고구려의 3국이 서로 분리되어 있던 때라, 모든 백성들은 늘 불안한 상태에서 살았으므로 평화와 통일에 대한 욕망은 지금의 우리들과도 같이 강렬한 시대였습니다.

그런데 그때 지리산 성모천왕(聖母天王)이 '만일 3개의 암사(巖寺)를 창건하면 삼한(三韓)이 합하여 한 나라가 되고 전쟁이 저절로 종식될 것이다.'라고 하였는데 그 말에 따라 도선국사가 3암자를 창건하였다고 하며, 그 암자가 바로 선암(仙巖), 운암(雲巖), 용암(龍巖)이라고 합니다.

그 세 암자 중의 하나인 선암사에 구름처럼 모여드는 사람들은 부처님에게 통일을 기원하려고 가는 것도 아니고, 유서 깊은 고찰을 보기 위해서 가는 것도 아닙니다.

단지 선암사 뒷산에 있는 고로쇠나무 수액을 먹기 위해서 모이는 사람들입니다.

고로쇠나무 수액(樹液)은 약수(藥水)라고 하며, 이를 마시면 허약한 체질의 사람, 수술 뒤의 건강 회복, 위장병, 치질, 늑막염 그리고 부인들의 피부 미용 등에도 좋다고 합니다.

그런데 이 수액은 일년 중에서도 경칩을 전후하여 약 1주일간에만 얻어진다고 합니다.

그러나 수액의 수요가 많아지고 값도 비싸게 되자 요사이는 약 1개월 가량이나 채집을 한다고 합니다.

그렇지만 나무에 상처를 준다고 나무마다 매일 수액이 쏟아져 나오는 것은 아니고, 기후 조건이 맞아야 수액이 잘 나온다고 합니다.

수액이 가장 잘 나오는 기후 조건은 일교차가 크고 바람이 잔잔하며 청명한 날이라고 합니다.

수액은 색깔이 거의 없고 맛도 담담하며 약간의 향기가 있을 뿐입니다.

나무의 지름이 약 30㎝ 이상만 되면 수액 채집이 가능한데, 나무에 삼각형 모양의 상처를 내고 그 밑에 용기를 받쳐서 수집합니다.
　나무에 낸 상처는 곧 아물어서 그해 여름이면 완전히 융합된다고 합니다. 수액이 몸에 좋다고 하는 소문이 넓게 퍼지자 사람들이 너무 많이 모여들어, 무척 구하기가 힘들게 되었습니다.
　특히 미용에도 효과가 크다고 하니 부인들의 관심이 높아, 더욱 현장을 복잡하게 만듭니다.
　어떤 여인이 가장 아름답고 우아하며 우리가 바라는 가장 이상적인 한국의 여인상인가는 사람마다 다른 생각을 갖고 있지만, 여류 시인 노천명(盧天命) 여사는 '여인부(女人賦)'에서 다음과 같이 말하고 있습니다.

　미용사에게 결발(結髮)을 익히는 대신
　무릇 여인은 온달에게 바보를 배우라
　총명한 데에 여인은 가끔 불행을 지녔다.

　진실로 아리따운 여인아
　네 생각이 높고 맑기
　저 9월의 하늘 같고
　가슴에 지닌 향낭(香囊)보다
　너는 언제고 마음이 더 향기로워라.

　여인 중에 학처럼 몸을 갖는 이 없느냐?
　물가 그림자를 보고 외로워도 좋다.
　해연(海燕)은 어디다
　집을 짓는지 아느냐?

　고로쇠나무는 단풍나뭇과에 속하는 단풍나무의 일종입니다.
　우리나라에서도 여러 가지 종류의 단풍나무가 있습니다마는 고로쇠단풍나무가 가장 굵고 큽니다.

그래서 다른 단풍나무들은 단순히 관상적 목적으로만 기르나 고로쇠나무는 목재를 이용할 수도 있는 단풍나무입니다.
 재질이 고와서 운동 기구 제작, 완구, 가구, 악기, 기구재 등 그 용도가 다양합니다.
 단풍나무를 한자로는 나무 목(木)변에 바람 풍(風)자를 써서 楓(단풍 풍)이라고 쓰는데, 이는 단풍나무의 열매가 프로펠러처럼 생겨, 씨앗이 바람을 타고 멀리 날아가기 때문에 風자와 木자를 합쳐 楓으로 만든 것이라고 생각합니다.
 우리나라를 금수강산이라고 부르는 것은 물론 봄, 여름의 꽃과 잎이 아름다워서이지만 가을에 곱게 물드는 단풍의 아름다움도 빼놓을 수 없는 절경 중의 절경입니다.
 눈부시도록 아름다운 가을 동산의 단풍과 찬서리 맞은 밝은 가을 달, 그리고 빨려 들어갈 것만 같은 맑고 푸른 가을의 깊은 하늘은 우리나라가 아닌 다른 어느 곳에서도 볼 수 없는 정묘 무비한 가을의 아름다운 풍경입니다.
 해동가요(海東歌謠)와 청구영언(靑丘永言)의 작가로서 유명한 조선시대의 가인(歌人) 김천택(金天澤)은 단풍을 보고 다음과 같은 시를 남겼습니다.

 흰구름 푸른 내는 골골이 잠겼는데
 추상(秋霜)에 물든 단풍 봄 꽃도곤 더 좋아라
 천공(天公)이 나를 위하여 뫼빛을 꾸며 내도다.

 가을 동산을 불붙인 아름다운 단풍의 모습을 잘 묘사한 아름다운 시라고 생각합니다.
 그러나 한편 가을은 낙엽이 뚝뚝 떨어지고 썰렁한 바람이 불어오는 계절이며, 아름다운 단풍도 낙엽이라는 슬픈 종말을 내포하고 있기에 가을을 보는 시각 속에는 늘 무상함과 애수가 함축되어 있기도 합니다.
 작자 미상인 다음 시도 이러한 무상한 가을의 마음을 잘 나타내고 있는 시입니다.

　무서리 술이 되어 만산(滿山)을 다 권(勸)하니
　어제 푸른 잎이 오늘 아침 다 붉거다
　백발(白髮)도 검길 줄 알 양이면 우리 님도 권(勸)하리라.

　고로쇠나무는 전국 표고 100~1800m 되는 곳에 넓게 자생하며 일본과 중국, 만주에도 분포하는 낙엽 활엽 교목으로 수고 20m, 지름 50~60cm에 달하는 거목입니다.
　추위에 견디는 힘이 아주 강하며, 양지나 음지를 가리지 않고 아무데서나 잘 자랍니다.
　잎은 3개로 깊이 갈라져서 마치 작은 플라타너스 나뭇잎처럼 보입니다.
　5~6월에 황록색 꽃이 피고, 열매는 10월에 익어서 프로펠러를 타고 멀리 날아갑니다.
　번식은 가을에 채취한 종자를 즉시 노지에 매장해 두었다가 이른봄에 포장에 파종합니다.
　이 나무와 비슷한 나무로는 긴고로쇠나무, 왕고로쇠나무, 산고로쇠나무, 집게고로쇠나무, 붉은고로쇠나무 등이 있습니다.
　모두 가을에 아름답게 단풍 드는 고운 잎을 가진 나무들입니다.

7
골담초나무

　지난 여름 옹천(안동군 북후면) 뒷산에 있는 옥산사 마애불을 보기 위해 해발 416m나 되는 가파른 산길을 올라갔습니다.
　통일신라 시대에 조성되었다는 그 불상은 동쪽으로 향한 커다란 3개의 바위 위에 부조되어 있는데, 불상 머리 위에는 마치 천정처럼 생긴 커다란 바위가 나와 있어 본존 부처님을 비바람으로부터 막아주어 천년의 세월이 흘렀어도 원형이 거의 그대로 잘 보존되어 있었습니다.
　6월의 뜨거운 햇볕을 받으며 온몸이 흠뻑 땀에 젖어 숨을 헐떡이는 나에게, 조용한 산사 뜰에 만발한 골담초는, 거룩한 부처님을 참배하고 그 부처님에게 귀의하려면 그 정도의 어려움은 능히 감당해야 한다는 것을 가르쳐 주듯 말없이 미소짓고 서 있습니다.
　콩과에 속하는 낙엽 활엽 관목인 이 나무는 분명히 나무인데도 '골담초 (骨擔草)', 즉 '풀'이라고 부르는 것은 둥치가 작고 가지가 유연해서 마치 풀과 비슷하게 생겼기 때문이라고 생각됩니다.
　중국 원산인 이 작은 나무는 우리나라에 들어온 지가 무척 오래되고 꽃이 예뻐서 관상용으로 많이 심는 나무입니다.
　높이는 2m 정도이고 외대로 높이 올라가는 주간이 없으며 개나리처럼 밑에서부터 많은 줄기가 올라와 큰 포기를 형성합니다.
　원래는 양지를 좋아하는 식물이지만 음지에서 견디는 힘도 많아서 큰 나무 밑에 하목으로 심어도 잘 크고, 토질을 가리지 않고 아무데서나 잘 자라며 생장 속도도 빨라서 2~3년이면 큰 떨기를 이룹니다.

공해가 심한 도심지나 바다 바람이 센 지방에서도 아무 탈없이 잘 자라므로 좁은 도시의 그늘진 담 아래에 심기 적당한 나무입니다.

우상 복엽인 잎에는 작은 잎이 4개 붙어 있고, 두터운 잎 표면에는 광택이 있으며 길이는 1~3cm인데 볼수록 귀엽기 그지없습니다.

특히 아름다운 것은 5~6월에 피는 나비 모양의 꽃입니다.

길이 2.5~4cm에 달하는 노란 꽃이 핀 것을 보면 꽃이 나비인지 나비가 꽃인지를 분간 못할 정도로 아름답습니다.

나비는 옛부터 늘 꽃과 함께 아름답게 묘사되어 왔습니다.

나비는 우리의 좋은 감정 속에 깊이 남아 있습니다.

뿐만 아니라 꽃은 여자, 나비는 남자에 비유해서 남녀의 사랑과 정을 그리는 데 늘 등장해 왔습니다.

그리운 여자를 본 남자가 그녀를 그냥 두고 그대로 지나쳐 버릴 수 없다는 의미로, '꽃 본 나비 담 넘어가랴.'라는 속담이라든가, 남녀의 정이 깊어 비록 죽을 위험이 뒤따르더라도 찾아가 즐김을 이르는 말로 '꽃 본 나비 불 헤아리랴.'라고 하는 말도 있습니다.

나비야 청산(靑山) 가자
호랑나비 너도 가자
가다가 저물거든 꽃에서 자고 가자
꽃에서 푸대접하거든
잎에서라도 자고 가자.

위 민요는 우리가 너무나 잘 아는 노래입니다.

나비에 관한 설화는 무척 많습니다만 함경남도 지방에 있는 '문굿'이라는 무속 설화 속에는 다음과 같은 이야기가 있습니다.

옛날에 양산백이라는 총각과 추양대라는 처녀가 있었는데, 그들은 어릴 때부터 은하사라는 절에 가서 같은 스승 밑에서 함께 공부를 하게 되었습

골담초나무

니다.

추양대는 남장을 하고 여자인 것을 철저히 숨겼으므로 양산백은 추양대를 남자인 줄만 알고 지내왔습니다.

양산백이 17살, 추양대가 15살 되던 해에 우연히 양산백은 추양대가 여자인 것을 알게 되었습니다.

추양대가 여자인 것을 알게 되자 양산백의 마음속에는 추양대를 향한 연정이 물 끓듯 일어나, 지금까지의 우정은 갑자기 이성에 대한 사랑으로 변해 버렸습니다.

양산백은 추양대에게 사랑을 고백하고 함께 부부가 되기를 간청했습니다.

추양대의 가슴속에도 양산백을 사랑하는 마음이 간절했으나, 부모의 허락을 받아야 한다고 말하였습니다.

양산백은 곧 추양대 부모에게 청혼을 하였으나, 추양대 부모는 이를 허락하지 않고 추양대를 다른 곳에 시집을 보내기로 해 버렸습니다.

실망한 양산백은 너무나 추양대가 그리워 상사병이 나서 시름시름 앓다가 그만 죽고 말았습니다.

그 소문을 들은 추양대도 한없이 한없이 울었습니다.

그리고 시집을 가던 날, 그녀가 탄 가마가 양산백의 묘 앞에 이르자, 추양대는 금비녀를 빼서 묘를 가르고 묘 속으로 뛰어들어갔습니다.

묘는 곧 다시 합쳐지고 추양대의 남삼자락만이 묘 밖으로 나와 바람에 찢기어지니, 그 천 조각은 모두 나비가 되어 하늘로 훨훨 날아갔다고 합니다.

이 이야기를 생각하며 가만히 골담초 꽃을 바라보니 나비가 변해서 꽃이 된 것 같고 또한 꽃이 변해서 나비가 된 것 같으며, 나비와 꽃이 서로 어울려 온통 여름 하늘로 날아가는 듯합니다.

이른봄 흰나비가 그 집으로 먼저 날아들면 그 집에 초상이 나고, 또 흰나비를 먼저 보면 소복을 입게 된다는 속설이 있고, 반면에 노랑나비와 호랑나비를 먼저 보면 그날에 좋은 일이 생긴다고 하고, 이른봄에 노랑나비와 호랑나비를 보면 그해에 신수가 좋다고 하는 말도 있습니다.

골담초 꽃은 노랑나비이니 아침마다 골담초 꽃을 바라다 보면 날마다 좋은 일 속에서 살 수 있으리라고 생각합니다.

골담초는 꽃만 보기 좋은 것이 아니고, 그 뿌리는 중요한 한약재이며 생약명은 골담근(骨擔根), 금작근(金雀根), 황토기(黃土芪) 등입니다.

가을에 채취한 뿌리 속에는 고미배당체(苦味配糖體)인 '카라가닝'과 '이노사이트' 등이 많이 함유되어 있어서 진통, 활혈 등의 효능이 두드러지므로 신경통, 통풍, 기침, 고혈압, 대하증 등을 치료하는 데 좋은 약으로 쓰입니다.

말린 약재를 1회에 5~10g씩 적당량의 물로 달여서 복용하고, 습진에도 달인 물로 환부를 닦으면 효험이 있다고 합니다.

때로는 술에 담갔다가 아침, 저녁으로 조금씩 마시면 신경통에 좋다고 하나 많이 마시면 위험합니다.

꽃도 약으로 쓰는 경우가 있다고 하나 자세한 것은 잘 알 수가 없습니다.

번식은 포기나누기, 꺾꽂이, 실생 어느 것으로도 가능하지만 정원에 한두 포기 심는 것은 포기나누기가 가장 간편합니다.

8
금 송
(金松)

 찬란한 새해가 우리들 앞에 열렸습니다.
 모든 분들 가정에 기쁨의 새해를 맞아 건강과 행복이 충만하시길 바랍니다.
 해마다 연말 연시가 되면, 늘 우리들은 '가는 해니 오는 해니…' 등등의 말을 많이 하는데, 보십시오! 저 하늘이 달라졌는가? 보십시오! 저 태양이 달라졌는가?
 어제와 달라진 것이라고는 아무것도 없습니다.
 단지 달라진 것은 우리들이고, 우리들 마음가짐이 달라지고 새로워지는 겁니다.
 시간이란 끝없는 긴 실과 같아, 어디가 시작이고 어디가 끝인지 알 수가 없는 겁니다.
 단지 사람들이 그 긴 시간 위에 점을 찍어 편리하게 정한 것뿐입니다.
 그래서 절대적인 새해란 없고 단지 우리들 마음속에 새해는 오고 새해는 있는 겁니다.
 그러므로 새 달력을 벽에 걸 때 우리들 마음이 새로워져야 진정한 새해를 맞게 되는 것입니다.
 구름 한 점 없는 푸르고 푸른 저 하늘 같이, 젊고 싱싱한 마음을 늘 갖는다면 언제나 기쁨의 새해고 기쁨의 설 속에서 살 수 있는 겁니다.

금송

가는 해니
오는 해니
말하지 말게
보게나 저 하늘이
달라졌는가?
우리가 어리석어
꿈속에 사네.

 이제 1991년은 지나갔고 영원히 우리들 추억 속에 남는 과거가 되어버렸습니다.
 세월 따라 인생도 흘러가고, 옛날만 남는 겁니다.
 한 잎 낙엽처럼 추억 속에 살아 있는 과거의 일들을 돌이켜 생각해도 아름다운 일들 뿐일 때, 과거는 아름답고 그리워지는 겁니다.
 미래는 닥쳐오는 꿈이니, 아직 내가 그 속에 살지 않습니다.
 현재는 내가 그 속에 실제로 사는 곳이니, 나의 선택으로 선으로도 불선으로도 나아갈 수 있습니다.
 그러나 과거는 내가 만들고 내가 살아온 결과의 모임이니, 한 번 지나가 버리면 다시는 고칠 수 없는 업장(業障)이 되는 겁니다.
 그래서 '과거를 만드는 현재'는 더욱 중요합니다.
 이제 새해가 우리들 앞에 펼쳐집니다.
 '현재를 잘 사는 것, 그것이 바로 좋은 과거를 만든다는 것이다.' 라는 것을 생각하고 늘 보람된 새 생활을 하시기 바랍니다. 늘 푸른 꿈과 맑은 마음과 실현 가능한 계획 아래 바르게 살기 바랍니다.
 우리들의 마음만큼이나 바르고 곧고 푸른 나무를 손꼽으라고 하면, 나는 서슴치 않고 금송(金松)을 들 수 있습니다.
 우리들의 푸른 꿈만큼이나 찬란한 금송(金松)은 볼수록 힘차고 씩씩하며 희망이 넘쳐흐릅니다.
 낙우송과에 속하는 상록 침엽 교목인 이 나무는, 보통 소나무와 같이 꾸불꾸불 갖은 잔재주를 부리는 것이 아니라, 주간(主幹)이 힘차고 곧게 하늘로 치닫으며 힘있게 쭉 뻗어서 볼수록 신명이 납니다.
그 줄기 따라 내 꿈과 희망도 허공으로 둥실 띄워 보내고 싶습니다.
더욱 우리를 매료시키는 것은 그 거칠고 앙살궂은 잎입니다.
두 개가 합쳐진 두껍고 짙은 녹색의 선형(線形) 잎은, 끝이 패었고 양면 중앙에 얕은 홈이 있는데, 그 거세고 힘찬 잎을 보면 속이 후련해집니다. 마디마다 15~40개의 잎이 힘차게 돌려나 있으며, 마치 거꾸로 된 우산모양을 하고 있고, 밑부분에 비늘이 있습니다.
높이 15m가량 자라는 이 나무는 정원수로 아주 좋고, 일본이 원산지입니다.
올해에는 우리들 모두 금송과 같이 강한 개성으로 그리고 씩씩하게 살아야 하리라 생각합니다.
정부가 정한 정치 일정에 따르면, 금년에는 많은 선거가 있을 예정인데 혈연, 학연 등의 정실이나, 별 것 아닌 금품 공세에 매수되어 유권자의 바른 권리 행사를 못하는 일이 있어서는 안 되겠습니다.
벌써부터 나라 걱정을 많이 하는 분들은, 닥쳐올 선거가 금품 타락 선거가 되어 경제적으로도 파탄을 초래하고, 진정 일할 만한 바른 일꾼을 뽑지 못해 모든 정치 활동이 비능률화되고 국가 발전이 둔화될까봐 여간 신경을 쓰는 것이 아닙니다.
그래서 이번 선거만은 공명하고 깨끗한 선거가 되게 하자고 크게 외치고 있습니다.
누가 일할 만한 가장 유능한 사람인가를 몰라서 바로 못 찍는 것보다도, 정실에 흐르거나, '누구나 보내 보니 다 같더라.'하는 체념주의 때문에 한 표의 신성한 권리를 경솔하게 행사하는 경우가 많았습니다.
북방 외교 정책, 통일 정책, 대미통상 정책 등 수많은 과제를 슬기롭게 해결해야 할 유능한 일꾼을 뽑는 이번 선거에서는, 우리들 유권자들도 종전과 같은 태도를 지양하고, 꿋꿋한 주관과 냉철한 판단으로 가장 유능하고 정직한 사람을 뽑아야 하겠습니다.
꿋꿋한 금송처럼 어떠한 주변 유혹에도 매료되지 말고 진정 나라 사랑하는 일편 단심으로 바른 행사를 해야 하겠습니다.

내가 무슨 일이든 바로 못하면, 지난 다음에 후회하기 마련입니다.
무엇이든 좋은 것을 만든다는 것은 모두가 무척 어렵고 힘듭니다.
특히 좋은 친구를 만든다는 것은 더욱 어렵고 힘이 듭니다.
우리들 인생은 친구를 만드는 가운데, 인간으로서 성장하고 성숙해 나가는 겁니다.
버드나무처럼 부드러운 친구도 필요하지만, 금송과 같이 씩씩하고 꿋꿋한 친구도 꼭 필요합니다.
불굴의 의지로 어떠한 불의와도 타협하지 않는 금송(金松)과 같은 사나이 중의 사나이도 꼭 필요한 겁니다.
올해는 금송과 같이 뚜렷한 주관으로 바르게 살고, 좋은 친구 많이 사귀어 풍요로운 삶을 살기 바랍니다.

9
능소화

　내 고장 안동은 문화 유적이 많기로 유명한 곳입니다.
　조상이 남긴 역사의 현장을 하나하나 답사하며 옛사람들이 남긴 유구를 조용히 바라보면 마음에 많은 감회를 받게 됩니다.
　여름 더위가 한풀 꺾인 지난 8월말, 안동군 서후면에 있는 학봉 김성일 선생의 종택을 찾아가 봤을 때도 선생을 추모하는 마음 간절하여 넓은 뜰을 거닐다, 잘 단장된 사랑채 앞을 지날 때, 막 방문이 열리고 정자관을 높이 쓴 선비들이 내다보는 듯하였습니다.
　후손들이 많아도 모두 사업차 도시로 나가 살고, 지금은 나이 많은 종손 부부 두 분만 넓고 넓은 큰 집에 살고 계시는데, 검소한 평상복을 입은 노마님은 과연 양반집 안방 마님답게 위엄과 기품이 몸에서 풍겨나고, 말씀 중에도 교양과 부덕이 넘쳐흘러 명문집 맏종부의 고아한 인격이 우리들로 하여금 그 분을 더욱 친숙하게 느끼도록 하였습니다.
　잔디밭에 앉아 마님이 주시는 음료를 마실 때, 그 부인 뒤편 담 위에 때마침 핀 오렌지색 아름다운 능소화는 바로 이 안방 마님처럼 위엄과 품격이 높아 보이는 꽃이었습니다.
　커다란 꽃의 크기하며 너무 화려하지도 요염하지도 않는 색깔하며, 은은하고 고상한 향기 등으로, 이 꽃은 아름답다고 하는 표현보다는 점잖고 기품 있는 꽃이라는 표현이 가장 적절하다고 생각합니다.

9 · 능소화   49

능소화

그러기에 옛사람들도 이 꽃을 예사로 보지 않고 무척 사랑했으며, 지금으로부터 약 3000여 년 전에 작품을 모은, 동양 최초의 시집인《시경(詩經)》속 소아(小雅)에도 능소화를 그린 다음과 같은 시가 있습니다.

苕之華	능소화 아름다운 꽃
云其黃矣	노랗게 피어나도
心之憂矣	마음속의 이내 시름
維其傷矣	쓰리고 또 아프구나
苕之華	능소화 아름다운 꽃
其葉青青	그 잎 푸르러도
知我如此	나 어찌 이를 알랴
不如無生	차라리 죽을 것을

능소화는 젊고 생기 있는 꽃으로도 유명합니다.
능소화 꽃은 나무 위에서 시드는 법이 없습니다.
꽃이 지는 순간까지도 만개할 때의 싱싱함을 그대로 유지하다가, 만개한 때의 그 모습 그대로 낙화되어 땅 위에 떨어져서 시들어 갑니다.
그러므로 나무 위에 피어 있는 능소화 꽃은 어느 하나 흠잡을 데 없는 완전하고 싱싱한 꽃들 뿐입니다.
우리들은 우리의 인생도 이와 같기를 얼마나 바라고 있습니까.
죽음은 누구나 꼭 한 번씩 당하는 필연적인 숙명이지만, 늙지 않고 병들지 않고 건강하게 오래오래 살다가 죽었으면 하는 것이 모두의 소망일 것입니다.
우리는 어떻게 해서 이 세상에 태어났는지 기억조차 없습니다.
어둡고 답답한 어머니 태중에서 숨도 못 쉬고 열 달을 참아온 기억도, 태어날 때에 힘들고 죽을 뻔한 어려운 기억도, 젖먹이 어린애로 자라나는 과정에서 일어난 여러 가지 기억들도 모두 캄캄할 뿐입니다.
청년기쯤 되어서야 자기를 바라보고, 내가 사람으로 태어나서 이 세상에 살고 있음을 인식하게 되는 것입니다.

그러나 죽음은 그렇지가 않습니다.

내가 언제 죽는지 그 정확한 날짜는 알 수 없어도, 늘 그 그림자가 나를 따라다니며, 모든 사람은 한발 한발 그리로 다가가고 있으며, 하루를 산다는 것이 바로 하루를 죽음으로 더 가까이 간다는 것을 알면서 사는 겁니다.

대부분의 경우 갑작스러운 변고가 아니면 죽음은 어느 날 갑자기 죽는 것이 아니라, 머리도 희게, 눈도 침침, 이빨도 빠지고, 허리도 굽고, 몸에는 온갖 병이 들어 아픔과 괴로움이 생기고, 용기와 기력도 모두 빠져나가 기진맥진하게 된 다음 가장 추한 꼴로 늙어서 두려움과 공포 속에 떨면서 죽어가는 것입니다.

그러나 능소화는 그렇지가 않습니다.

그러기에 옛사람들은 인간의 슬픈 운명을 생각한 나머지 능소화를 더욱 부러워하고 사랑했는지도 모릅니다.

능소화과에 속하는 이 능소화는 중국 원산이며 낙엽이 지는 덩굴식물입니다.

고목이나 벽을 감고 올라가서 아름다운 꽃을 피우므로 공원이나 정자 또는 큰 저택에서 관상용으로 오래 전부터 심어 왔습니다.

덩굴은 보통 약 10m 정도 뻗어 나가며 많은 곁가지를 치고 줄기마다 기근(氣根)이 나와 담쟁이덩굴처럼 나무나 벽에 밀착합니다.

양지에서 잘 자라고 추위에는 비교적 약해서 서울 지방에서는 보온해야 안전하게 월동이 가능하며, 수분이 많고 비옥한 사질 양토에서 잘 자랍니다.

공해에도 비교적 강한 편이며 해안 지방에도 혹한만 아니면 무난히 꽃을 잘 피웁니다.

노인들 말에 의하면 꽃이 아름답고 향이 좋다고 꽃에다 코를 대고 직접 냄새를 맡으며 뇌를 손상한다고 하니 주의를 해야 하겠습니다.

꽃뿐만 아니라 짙은 녹색의 잎도 또한 아름답습니다.

특히 고사목에 기어올라가 푸른 잎을 피울 때는 마치 죽은 나무에서 잎이 다시 피어나고 죽은 나무가 다시 살아난 듯해서 여간 보기 좋은 것이 아닙니다.

등칡기 나무 잎과 비슷한 잎은 기수일회우상복엽이고 작은 잎은 7~9개로 3~6cm의 계란형 피침꼴입니다.

능소화 꽃은 약으로 쓰이는데 한자명은 능소화(凌霄花), 여위(女葳), 자위화(紫葳花), 추태화(墜胎花) 등입니다.

꽃 속에는 무슨 성분이 들어 있는지 아직까지 확실히 밝혀지지 않았으나 어혈(瘀血)을 풀어 주고 피를 식혀 주며 이뇨 효과가 있는 것으로 알려지고 있습니다.

그래서 월경 불순을 비롯해서 무월경증, 월경이 멈추지 않는 증세, 산후 출혈, 대하증 등 부인병에 주로 쓰이고 그 밖의 대소변을 잘 보지 못하는 증세나 타박상에도 쓰고, 특히 주부코(주독이 올라 코가 붉게 된 것)의 치료에도 쓰인다고 합니다.

번식 방법은 1년생 줄기를 약 20cm 정도 잘라서 3월부터 7월 사이에 꺾꽂이하고 마르지 않도록 물을 주면 뿌리가 내립니다.

담쟁이덩굴은 벽에 딱 붙어서 올라가는 성질이 있지만, 능소화는 벽에 붙으면서도 옆으로 많이 퍼지므로, 좁은 도시 공간의 시멘트 벽에 올리기는 부적당하며 고목이나 마당이 넓은 시골집 담에 올리는 것이 좋습니다.

10
닥나무

가을은 풀냄새가 그윽히 풍기는 계절입니다.

한여름의 뜨거운 태양 아래서 자랄대로 자란 푸른 풀잎들은 10월에 접어들자 마구 특유한 풀향기를 내뿜습니다.

높고 파래진 하늘 탓인지 풀냄새는 더욱 강하게 가슴에 와 닿아 고향이 그리워지고, 멀리 떠나 사는 친구를 생각나게 하고, 또한 향수에 젖게 합니다.

속새, 강아지풀, 바랭이, 약쑥 등등 모든 풀들이 저마다 특이한 향기를 내뿜고 있는데, 마치 사람마다 다른 체취를 발하듯이 그 많은 풀냄새가 한데 모이고 어울려서 산의 냄새가 되고 들의 냄새가 되고 가을의 냄새가 되는 겁니다.

풀냄새는 한결같이 풋풋하고 강렬하며 맑고 청초해서 맡아도 맡아도 싫증이 나지 않습니다.

아무것도 섞이지 않은 이 순수한 풀냄새가 바로 진정한 대자연의 체취일 것입니다.

이런 풀냄새 속에 닥나무의 씁쓸한 냄새도 함께 어울려 가을을 더욱 진하게 만듭니다.

닥나무는 뽕나뭇과에 속하는 낙엽 활엽 관목이며 우리나라뿐만 아니라 일본, 만주, 중국 등에도 자생하며 표고 100~700m인 비교적 낮은 야산이나 밭둑 등에 자랍니다. 추위에 강한 이 나무는 부식질이 많은 사질 양토에서 가장 잘 자라고 햇빛을 많이 요구하는 양수입니다.

나무의 모양은 곧게 높이 자라지 않으며, 여러 개의 줄기가 휘어지고 구부러지면서 올라가고, 어리고 가느다란 잔가지에는 처음에 털이 있으나 자람에 따라 곧 없어집니다. 잎은 어긋나고 길이 5~20cm, 넓이 5~9cm의 난형 또는 타원형으로 가장자리에 톱니가 있고 아주 넓습니다. 꽃은 암꽃과 수꽃이 따로 피는데 암꽃은 줄기 안쪽에 피고 수꽃은 줄기 끝쪽에 5월에 핍니다. 공처럼 생긴 붉은 열매는 6~7월에 익습니다.

닥나무는 옛부터 종이를 만드는 데 없어서는 안 되는 중요한 나무입니다. 종이는 섬유질을 물 속에서 응집하여, 유상(乳狀)으로 만든 다음 적당량을 발(簾)로 건져 올려 삿자리 위에서 건조시킨 것을 말하는데, 이

과정을 거치지 않은 것은 아무리 외관상 종이와 유사해도 종이라고 부르지 않습니다.

서양에서 Paper(영), Papier(독), Paier(불) 등 종이의 어원이 된 이집트의 '파피루스'와 나무껍질을 천 모양으로 두들겨 펴서 글씨를 쓰거나 의복의 원료로 하는 남양 여러 섬의 '타파'는 이런 과정을 거치지 않았기 때문에 종이라고 할 수 없습니다.

종이의 기원은 후한 시대의 한관 채륜(蔡倫)이 수피, 삼베, 누더기 천, 어망 등을 재료로 종이를 처음 만들어서 화제(和帝 88~105)에게 바친 것이 시초라고 합니다.

그후 1~2세기경에 각종 식물 섬유나 견(絹)을 이용해서 많은 시행착오를 거친 다음 비로소 종이 제조법이 완성된 것으로 추측됩니다.

동진의 왕의지는 누에고치로 만든 잠견지(蠶繭紙)에 그 유명한 '난정서(蘭亭序)'를 썼다고 하며, 남북조 시대에는 대나무로 만든 죽지(竹紙), 마를 이용한 마지(麻紙) 등이 보급되었다고 합니다.

종이는 문방 사우(文房四友) 중의 하나로 문인들의 특별한 관심의 대상이며 당나라 때의 촉(蜀) 지방에서 만들었다는 사공전(謝公箋), 등심당지(燈心堂紙) 그리고 설도전(薛濤箋)은 후대까지 널리 알려진 유명한 종이들입니다.

설도(薛濤 : 768-831)는 중국 당나라 때의 유명한 기생이자 여류 시인의 이름입니다.

'설도'는 원래 장안(長安) 양가의 규수였는데, 아버지가 지방 관서로 부임을 하게 되자 아버지를 따라서 촉(蜀 : 지금의 사천성) 지방으로 갔습니다.

그러나 불행하게도 그후 아버지는 죽고 집안이 갑자기 몰락하여 할 수 없이 기녀가 되었으나, 타고난 미모와 글과 시를 잘 지어 곧 유명하게 되었습니다.

만년에는 두보(杜甫)의 초당으로 유명한 서교 완화계 근처에 있는 만리교 부근에서 은거 생활을 하면서 여생을 보냈습니다.

그런데 그녀가 사는 만리교 근처는 양질의 종이가 많이 생산되는, 종이로 유명한 곳입니다. '설도'는 그녀만이 전용으로 쓰기 위해서, 특별히 작은 심홍색의 종이를 주문 생산하여, 그 종이를 이용해서 촉의 명사들과 시를 지어 서로 교류를 했습니다.

그런데 이것이 풍류인들 사이에 대단히 평판이 높고 유명해져서 이런 식의 종이를 '설도전'이라고 부르게 되었던 것입니다.

중국의 제지 기술은 751년 '타라스' 강가의 싸움에서 '사라센' 군에게 포로가 된 당나라의 제지 기술자에 의해 그때까지 종이 제조법을 모르던 '이슬람' 문화권으로 전해졌고, 그후 12~13세기경에는 다시 지중해를 건너 기독교 문화권으로 들어가게 되었던 것입니다.

종이를 만들 줄 몰랐던 시절에는 글을 쓸 수 있는 것을 확보하는 것이 무척 어려운 일이었습니다.

기원전 160년경 페르가몬의 왕 웨메네스 2세는 책을 많이 모으기로 유명했는데, 이 소식을 들은 이집트의 프톨레마이오스왕은 자기가 항상 자랑하는 알렉산드리아 도서관의 장서 수보다 더 많아져서는 안 되겠다는 생각으로 페르가몬의 장서 간행을 막기 위해서, 그 당시 이집트의 특산물이었던 파피루스의 국외 수출을 금지시켜서 많은 화제를 남긴 이야기도 있습니다.

우리나라에서 우리 고유의 기법으로 만드는 종이를 한지(韓紙)라고 하는데 닥나무, 꾸지나무, 삼지닥나무 등을 원료로 만든 종이입니다.

문을 바르는 문종이도 바로 한지의 일종인데, 우선 위에 나무들을 다발로 묶어 솥에 넣고 껍질이 흐물흐물 벗겨질 정도로 푹 삶은 다음, 껍질을 벗겨 햇볕에 잘 말립니다.

말려진 껍질을 다시 물에 불려 발로 밟은 다음 하얀 내피만 가려내고, 이것에 양잿물을 섞어 약 3시간 이상 삶아 압축기로 물기를 짜냅니다. 여기에다 닥풀 뿌리를 으깨어 짜낸 끈적끈적한 물을 넣고 잘 혼합해서 고루 풀리게 한 다음 발(簾)에 종이액을 걸어서 뜬 다음 말리면 종이가 됩니다.

이렇게 만든 한지에는 용도에 따라 그 질과 이름이 다른데, 가령 문을 바르는 종이는 창호지, 족보, 불경, 고서적 등의 인쇄에 쓰이는 것은 복사지, 사군자나 그림을 그리는 것은 화선지, 연하장, 청첩장 등을 쓰는 솜털이 일고 이끼가 박힌 것은 태지(苔紙)라고 합니다.
 닥나무 열매는 꾸지나무의 열매와 함께 모두 한약재로도 쓰이는데 저실(楮實), 곡실(穀實)이라고 합니다.
 그 속에는 세로틴이라는 약 성분이 들어 있어서 자양, 강장의 효능이 있으므로 신체 허약, 정력 감퇴, 음위, 시력 감퇴 등에 쓰인다고 합니다.
 번식 방법은 실생묘와 삽목묘가 있는데, 실생묘는 7월 말경 종자를 채취해서 땅속에 묻어서 저장했다가 봄에 파종합니다. 삽목은 배수가 잘 되는 사질 땅에 길이 12~15cm 정도인 삽수를 봄에 삽목합니다.

11
담쟁이덩굴

　녹색의 아름다운 들판을 그리워하는 것은 그 푸른 들판이, 자연의 품에서 쫓겨난 모든 현대인들이 동경하는 마음의 고향이기 때문입니다.
　에어컨의 바람이 아무리 시원하다고 해도 언덕 위 정자나무 밑으로 불어오는 솔바람만은 못하고, 수돗물이 아무리 좋다고 해도 산골짜기 바위 틈에서 흘러 나오는 차디찬 맑은 물에는 못미친다는 것을, 아스팔트와 콘크리트로 질식해서 죽은 땅 위에서 사는, 사람들은 더더욱 잘 알고 있습니다.
　사람들이 문명이라는 이름으로 만든 많은 공장들과 산업 쓰레기들은 하늘을 죽여 오존층을 파괴하고, 땅을 죽여 방사능으로 오염하고, 강을 죽여 물을 썩히고, 산을 죽이고, 공기를 죽이고, 드디어는 사람 자신을 죽이는 결과에까지 다다르고 있는 절박한 현실에서, 신선했던 옛날의 아름다운 자연을 그리워하고 동경하는 것은 당연한 일이라고 생각합니다.
　넓게 차지할 수 없는 도시 속의 작은 집에서 앞도 옆도 뒤도 모두 콘크리트 벽으로 둘러싸인 좁은 공간에서 일년 내내, 무표정하고 오래 전에 이미 죽어버린 회색의 시멘트 담벼락만을 바라보고 살면, 거기 사는 사람의 마음도 꿈도 낭만도 모두 시멘트 담처럼 굳어져 버릴 것이 틀림이 없습니다.

우리들의 집들이 대부분 남향인 경우가 많으므로 마루에서 정면으로 바라다 보이는 앞 벽은 하루 종일 그늘이 들어서, 담 밑에 화단을 만들고 꽃나무를 심어도 잘 살지 못합니다. 잔디를 심을 때만 푸르르지 얼마 가지 않아 시름시름 죽고 맙니다.

이 죽음의 시멘트 벽에 녹색의 생명을 불어 넣기 위해 나는 오래 전에 우리집 앞 담 밑에 담쟁이덩굴을 심었습니다. 그리고 돌을 쌓고 돌과 돌 사이에는 그늘에서도 잘 살 수 있는 물이끼와 솔이끼(蘚苔植物)를 심었습니다.

심은지 몇 년이 되었는지 잘 생각이 나지 않으나 10년은 넘은 듯합니다. 그후 별 탈없이 잘 자란 푸른 담쟁이덩굴이 지금은 온 벽면을 푸르르게 장식하였으며, 담을 기어가다가 갈 곳이 없는 몇 줄기들은 마당으로도 기어 나와 더욱 운치를 더해 줍니다. 그래서 지금은 마루에 앉아 앞을 바라다 보면, 바람에 나풀거리는 성성한 잎들은 마치 넘실대는 바다의 파도를 연상케 합니다. 뿐만 아니라 시멘트로 달아오른 여름의 뜨거운 복사열들을 모두 흡수하여 잠깐 들판에라도 나온 듯해서 무척 시원합니다.

가을에 익는 검은 자줏빛 작은 열매는 온 벽에 달라붙어 있어서, 작은 새들이 날아와 좋아라고 따먹습니다. 그래서 담쟁이덩굴을 키우고부터는, 여름에는 푸른 잎을 봐서 좋고, 가을 겨울에는 새소리 들어서 좋고, 봄에는 연약한 신록이 담에 붙어 기어가는 앙증스러움이 또한 볼 만하여 사시사철 생동하고 변화하는 녹색의 담 속에서 살게 되었습니다.

옛날 어른들은 담쟁이덩굴을 담에 올리면 좋지 않다고 하셨습니다. 그 이유는 그때의 담은 대부분 흙담이었으므로, 흙담에 담쟁이덩굴을 올리면 비가 올 때 담이 젖어서 붕괴될 우려가 있고, 담쟁이덩굴을 타고 뱀이나 지네들이 집으로 들어올 위험이 있다고 해서 금했던 것입니다. 그러나 지금처럼 시멘트 담이고 또 도시 한가운데에는 뱀이나 지네도 없으니 담에 담쟁이를 올리는 것은 정서적으로 퍽 좋으니 권장할 만한 것이라고 생각합니다.

담쟁이덩굴은 포도나뭇과에 속하는 낙엽 덩굴 식물입니다. 돌담이나 바위 또는 나무줄기 등에 붙어 사는 이 식물을 모르는 사람은 별로 없을 것

담쟁이덩굴

입니다. 길이는 약 10m이상 뻗고, 덩굴손은 잎과 마주나며 갈라져서 끝에 흡착근이 생기고 한번 붙으면 잘 떨어지지 않으며, 많은 곁가지가 납니다. 잎은 난형이며 끝은 뾰족하고 셋으로 갈라지며 잎 앞면에는 털이 없고 잎자루가 잎보다 길어서 참 보기가 좋습니다. 6~7월에 황록색 꽃이 피고, 열매는 흰가루로 덮여 있으며 10월경 지름 6~7mm의 작은 열매가 송이를 이루며 검은 자줏빛으로 익습니다. 야생의 것은 붉게 단풍이 드나

집안에 심은 것은 단풍이 들지 않는 것이 유감입니다. 우리나라를 비롯하여 일본, 타이완, 중국 등지에 골고루 분포되고 있습니다.

담쟁이덩굴에는 다음과 같은 애절한 이야기가 있습니다.

옛날 옛날 그리스에 부모님의 말씀을 잘 듣는 히스톤이라는 착하고 아름다운 처녀가 있었습니다. 그녀는 부모님이 시키는 대로 부모님이 정해 주는 어떤 남자와 얼굴도 보지 않고 약혼을 했습니다. 그후 결혼식을 며칠 앞두고 갑자기 전쟁이 일어나서 그녀의 약혼자는 그만 전쟁터로 나갔습니다. 착한 히스톤은 한 번도 보지도 못하고 이름도 모르는 그 청년이 전쟁에서 돌아오기만을 기다렸습니다. 그러나 여러 해가 지나가고 부모님마저 죽었으나 히스톤이 기다리던 청년은 돌아오지 않았습니다. 싸움터에서 돌아온 다른 많은 청년들이 아름다운 히스톤의 미모에 반해서 서로 자기가 히스톤의 약혼자라고 했으나 히스톤은 꽃밭에 섰던 아버지를 찾아온 약혼자가, 그녀의 뒤를 지날 때 본 그 사람의 그림자를 단 하나의 기억으로 삼고, 모두 그 그림자의 주인공이 아니라고 거절하였습니다. 그때 히스톤은 길에서 좀 멀리 떨어져 있었는데도 약혼자의 그림자가 자기 앞을 지나갈 만큼 키가 큰 사나이였다는 것이었습니다. 히스톤은 그후에도 오래오래 그 키 큰 약혼자를 기다리다가 그만 기다림에 지쳐서 죽고 말았는데, 죽을 때 히스톤은 자기의 시체를 그 키 큰 사나이의 긴 그림자가 지나간 바로 그자리에 묻어 달라고 유언을 하였습니다. 그녀를 불쌍히 생각한 동네 사람들은 그녀의 유언대로 긴 그림자가 지나간 자리에 고이 묻어주었습니다. 그런데 그 다음해 봄, 그 무덤에서 담쟁이덩굴이 돋아나 자꾸만 뻗어 높은 곳에 오르려 했습니다. 그것은 담쟁이덩굴 속에 키 큰 약혼자를 찾으려는 히스톤의 넋이 담겨 있기 때문이었습니다.

담쟁이덩굴을 석벽려(石薜荔), 지금(地錦)이라고도 하는데 '지금'이라는 말은 땅을 덮는 비단이라는 뜻이기도 합니다. 번식은 이른봄, 잎이 피기 전에 연필만한 담쟁이덩굴 줄기를 20cm 정도 잘라서 그늘진 모래땅에 2/3 정도 묻어 두면 비교적 발근이 잘됩니다. 착근이 된 다음에 거름을 주거나 비옥한 곳에 옮기면 잘 자라고 병해나 충해도 별로 없어서 농약을 칠 번거로움도 없습니다.

12
만병초

 지금으로부터 약 30여 년 전 지리산 종주 등산을 한 일이 있었습니다. 그때는 지금처럼 지리산 횡단 도로가 나기 전이었으므로 등산로는 주로 구례 화엄사 뒤로 등반하는 코스가 일반적이었습니다.
 지금도 기억이 생생한 지리산 종주로에 붙어 있던 재미있는 지명들은 뭉클 지리산을 그립게 만듭니다.
 '눈썹바위', '선비샘', '토끼봉', '음양수', '선녀탕', '옹달샘', '장터목', '세석' 등 모두 그리운 이름들입니다.
 '눈썹바위'는 화엄사에서 '노고단'으로 올라가는 도중에 있는데, 1500m가 넘는 '노고단'은 몇 시간 동안이나 가파른 오르막길을 힘겹게 올라가도 오르막길만 계속되고 정상은 멀리 아득하기만 합니다. 지칠 대로 지치고 너무 힘겨워 등산을 포기할까 하는 생각마저 들 무렵 '눈썹바위'가 나타납니다. 사람으로 치면, 사람의 머리 위로 올라가는데 지금 눈썹쯤 왔다는 뜻으로 '눈썹바위'라고 이름을 붙였답니다. 그래서 많은 등산객들은 이 작은 바위 위에 앉아 땀을 닦고 새로운 힘을 내어 다시 힘찬 걸음을 내딛게 되는 것입니다.
 내가 만병초 자생목을 처음 본 것이 바로 지리산 등산로에서입니다.
 지리산 최고봉인 천왕봉(1915m)을 거쳐 하산 길은 '한신골'을 통해 남원으로 빠졌는데, '한신골'은 '피아골'과 함께 골이 깊기로 유명한 골짜기입니다.

　사람들이 별로 다니지 않는 깊은 계곡에는 맑은 물이 흐르고, 사람들을 신기하게 구경하는 다람쥐들이 겁없이 나무 위를 뛰어다니는 별천지였습니다.

　태고 때부터 쌓여 발이 푹푹 빠지는 개울가 부엽토 위에 마치 고무나무 잎처럼 생긴 녹색의 광택이 빛나는 나무들이 여러 그루 있는 것을 발견하였습니다.

　우리는 모두 그 나무를 처음 보므로 그저 신기하게 생각하고 구경만 하였는데, 일행 중 한 사람이 설악산에 갔을 때 귀한 약초라고 하면서 바로 이 나무 잎을 파는 것을 보았다고 하는데, 이름은 만병초이며 10잎 정도 묶어 놓고 무척 비싼 값에 판매를 한다는 것입니다. 그래서 그는 너무 비싸서 사지는 못했답니다.

　어떤 병에 쓰는 약인가 하고 그에게 물었더니,
"만병초이니까 이름 그대로 만병에 좋은 것이지 뭐."
하는 것이었습니다.

　그래서 우리들은 그 잎을 모두 여러 장씩 따서 등산 가방에 넣고, 무사히 하산을 하여 목포로 갔습니다.

　당시 목포 세무서장인 처남 집으로 갔는데 마침 처남은 출장중이고 가정부만 집을 지키고 있었습니다.

　우리는 목포까지 간 김에 홍도 구경을 하기로 마음먹고 홍도로 가는 배표를 샀습니다.

　그때 듣기로는, 홍도에는 샘물이 없어서 섬 사람들은 빗물을 저장해서 먹는데, 관광객은 반드시 물을 준비해 가야만 한다는 말을 들었습니다.

　그래서 세무서장 집에서 1말들이 물통 2개를 빌려 물을 담아가기로 하였는데, 맹물을 가져 가느니 몸에 좋다는 만병초 잎 달인 물을 갖고 가기로 하고 가정부 아주머니에게 만병초가 좋다는 이야기를 늘어놓고, 잘 달여 주기를 부탁하였습니다.

　얼마나 많은 양을 넣고 몇 시간을 달였는지 모르지만 약간 누런빛이 나는 만병초 약물 2통을 갖고 홍도로 떠났습니다 그리고 그 물을 계속 마셨습니다. 그런데 이상하게도 일행 4명은 한낮의 뜨거운 햇빛 아래에서도 오들오들 한기가 들고 이상하게 열이 나서 모두 담요를 몸에 걸치고 마치 학질이라도 걸린 사람들처럼 시름시름 아프기 시작하였습니다. 그래도 젊고 기본 체력이 강해서 며칠 후 별일 없이 목포로 돌아갔습니다.

그런데 목포에서는 가정부 아주머니가 만병초가 몸에 좋다고 하니까 평소 병약한 자기의 딸(당시 여고생)에게 너무 많이 먹여서 실신한 나머지 병원에 입원하는 소동까지 벌어졌다는 이야기를 들었습니다.

이와 같이 만병초는 나 죽을 뻔하고 남 줄일 뻔한 사건으로 나와 처음 만난 나무입니다.

진달랫과에 속하는 이 나무는 상록 활엽수이므로 겨울에도 잎이 푸르름을 잃지 않습니다.

한방에서는 잎을 약으로 쓰는데, 1년 내내 언제라도 편리할 때 따서 말려두었다가 쓰며 생약명은 만병초(萬病草), 석남엽(石南葉) 또는 풍엽(風葉)이라고도 합니다.

적당량으로 잎을 잘 쓰면 강장, 최음(催淫), 진통, 해열, 이뇨, 거풍 등 그야말로 만병에 잘 듣는 효능을 지니고 있어서 감기, 두통, 발기력부진, 관절통, 신이 허해서 허리가 아픈 증세, 신장염, 월경 불순, 불임증 등에 쓰며 특히 여성이 이 약을 오래 쓰면 정욕이 높아진다고 합니다.

그러나 과용하면 독성이 강해서 그 부작용으로 생명을 잃을 수도 있다는 것입니다.

높이 4m 정도가 되는 이 작은 나무는 지리산과 강원도 북부 지방의 표고 700~2200m 정도 되는 고산 지대에 자생하는 나무로서 주목, 사스래나무, 털진달래, 들쭉 등의 고산 식물과 혼생하며 내음성이 강하고 공중 습도가 높아야 잘 자라는 까다로운 나무입니다.

강원도 지방에서는 정원에도 심는데, 속초 어느 여관 정원에 있는 만병초 나무가 흰꽃을 예쁘게 피운 것을 본 일이 있습니다.

잎은 어긋나지만 가지 끝에서는 5~7개가 총생하며, 길이 8~20cm로 무척 크고 가죽과 같이 빳빳하고 표면은 진한 녹색이며 광택이 나고 뒷면에는 갈색의 보드라운 털이 많이 나 있습니다.

12 · 만병초   65

만병초

그래서 이 잎을 처음 보는 사람은 신기하게 느껴서, 약장사에게 속기 마련입니다.
 꽃은 흰색으로 7월에 피고 10~20개의 꽃이 가지 끝에 모여 큰 꽃송이를 이루어 무척 소담하고 보기가 좋습니다.
 붉은색 꽃이 피는 것은 홍만병초 혹은 붉은만병초라고 하며 울릉도에 자생합니다.
 열매는 길이가 2cm 이상이고 9월에 갈색으로 익습니다.
 이 종자를 채취해서 다음해 봄 이끼 위에 파종해야 묘목을 얻을 수 있습니다. 토심이 깊고 부식질이 많은 비옥한 땅에 심어야 잘 자라고 토양 습도가 높은 땅이라야 생육이 잘 됩니다.
 뿐만 아니라 일교차가 크지 않은 곳이라야 별 탈없이 잘 자라는 무척 기르기 힘이 드는 나무입니다.
 앞으로 마당이 더 넓은 것이 마련되면 꼭 심어보고 싶은 나무 중의 하나가 이 만병초입니다.

13
말채나무

　인간은 누구나 자기가 만든 현실 속에서 살아가야 합니다. 착실하게 잘 사는 그것 그대로가 바로 좋은 과거를 만드는 것이 되고, 아름다운 추억을 만드는 씨앗이 되고, 또한 좋은 미래를 맞는 계기가 되기 때문입니다. 그리고 시간상 우리가 실제로 존재하고 활동하는 것은 오직 현재 속에서만 가능하기 때문입니다.
　그러나 현재를 사는 바른 방법은 과거를 의식하고, 미래를 기대하는 현재를 살아야 한다는 것은 말할 것도 없습니다. 과거도 미래도 무시한 현재만의 현재를 사는 것은 위험하고 정당하지 못하며, 또한 그러한 현재는 있을 수도 없기 때문입니다.
　부처님께서도 '살아있는 현세에서 극락을 경험하지 못하는 사람은, 죽어 저 세상에 가도 극락은 없다.'라고 하셨습니다. 과거는 현재를 만드는 원인이고 현재는 그 결과이며, 동시에 미래를 만드는 원인이 되는 것입니다. 그러므로 과거, 현재, 미래는 두레박의 줄과 같이 이어져서 끝간 데가 없이 돌고 도는 것입니다.
　나는 늘 이런 생각을 하면서, 현재를 잘 살려면 우선 가정이 화목해야 한다고 생각하고 가족과 함께 안동 근교를 잘 찾아갑니다. 청송 '달기물'과 같은 맛과 성분으로 잘 알려진 신촌 약수터는 내가 잘 찾는 명소의 하나입니다.

말채나무

　말채나무를 처음 본 곳도 바로 신촌 약수터에서입니다.
　경북 진보에서 영월쪽 약 4km 지점에 있는 신촌 약수는 청송 '달기물'과 그 맛과 성분이 같다고 하기에 나는 비교적 집에서 가까운 신촌쪽을 더 많이 찾는 편입니다.
　위장병, 빈혈, 만성부인병에 좋다고 하는 달기약수를 마신 후에 약수로 고은 닭백숙을 먹는 맛은 또한 어디에도 비길 바 없는 별미입니다. 무슨 특별한 조리법이 있는 것도 아니고 닭과 쌀, 마늘, 인삼, 대추 등을 넣고 약수를 부어 푹 곤 닭백숙은 약수로 인해 파르스름한 빛을 띠며, 더할 수 없이 고기가 부드럽고 연하며, 역겨운 닭 냄새가 전혀 나지 않습니다. 뿐만 아니라 옻나무를 닭 속에 넣고 끓인 옻닭이 있는데 이것은 위장병에 더욱 좋다고 합니다. 약수를 부어 밥을 지으면 찹쌀이 아닌데도 마치 찰밥처럼 밥에 찰기가 있고 색깔도 푸르스름하여 참 맛이 좋습니다.

'달기(妲己)'는 중국 은(殷)나라 최후의 왕인 주왕(紂王)이 사랑하던 비의 이름입니다. '달기'가 실제 인물인지 아닌지는 확실하지 않으나 주나라의 유왕(幽王)이 사랑하던 비 포사(褒似)와 함께 중국 역사상 가장 음란하고 잔인한 대표적 독부로 알려진 여자입니다.

'달기'는 보통 때 잘 웃지 않으나, 산 사람의 간을 빼서 접시에 담으면 그 피를 보고는 웃는다고 합니다. 웃는 모습이 그렇게도 예쁜 그녀의 웃는 얼굴을 보려고 주왕은 더욱 못된 짓과 학정을 많이 했다고 합니다. 주왕은 그의 학정을 간하는 충성스러운 신하의 말을 듣지 않고 포악하고 요사스런 달기의 말만을 들었으며, 온갖 잔인한 짓을 저질렀다고 합니다. 구리로 된 둥근 기둥에 기름을 발라서 미끄럽게 한 다음 숯불 위에 걸쳐 놓고 그 위를 걷게 하여 미끄러져서 불에 타죽게 하는 참혹한 형을 구경하면서 '달기'는 웃고 즐겼다고 합니다. 충신 비간(比干)이 죽음을 당한 것도 '달기'의 모함 때문이라고 합니다. 후일 주나라의 무왕이 주왕을 토벌하였을 때 만고의 독부 '달기'도 함께 살해되었다고 합니다.

그런데 '달기물'의 '달기'는 그 달기가 아니고 '닭의 물', 즉 닭을 고기에 적합한 물이라는 뜻입니다. 이 약물은 자극성이 강하고 매워서 처음 먹는 사람은 많이 먹을 수가 없으므로 엿과 함께 먹는 관습이 있습니다. 요즘 물의 오염이 심해지자 수돗물을 그대로 마시기가 꺼림칙해서 생수를 마시는 사람들이 많아졌습니다. 물론 '달기물'도 많은 지방의 사람들이 물통을 갖고 와서 담아가며 생수로 마시기에 참 좋은 약물입니다.

분자론적 물 환경설을 주장하는 김무식 박사의 말에 의하면, 물은 1개의 산소와 2개의 수소가 결합되어 생성되는데, 원자의 결합 모양에 따라 5각형 고리모양, 5각형 사슬모양, 6각형 고리모양으로 나눠진다고 합니다. 이중 6각형 고리모양의 물을 6각수라고 부른답니다. 물의 온도가 낮아질수록 6각형 고리모양의 분자가 많아진다는 것입니다. 6각수가 많은 물을 마시면 인체의 질병에 대한 저항력과 자연 치유력, 면역 기능 등이 향상된다는 것입니다. 한 예로 변비의 경우를 보면 체내 수분의 6각형 고리가 파괴되는 것이 변비를 촉진하는 원인이라는 것입니다. 이런 이론에 따라 서울대병원팀이 변비 환자를 대상으로 6각수를 투여한 결과 증세가 호전됨을 관찰할 수 있었다고 합니다. 6각수는 또한 암의 예방, 치료에도 효과가 큰 것으로 보고 계속 연구중이라고 합니다.

 많은 사람들이 좋은 생수를 골라 건강을 위해 마시는데 우리 부부는 참 좋고 귀한 '효자물'을 마십니다. '효자물'이란 우리 부부가 붙인 물 이름입니다. 연유인즉 우리와 좀 떨어진 곳에 사는 큰아들 아파트 단지에서 좋은 생수가 나오는데, 그 물을 큰아들이 계속 실어다 주며
"이 물 드시고 아버지 어머니 건강하게 오래오래 사십시오."
하니 그 물이 바로 효자물이 아니고 무엇이겠습니까? 이 세상에 어떤 더 좋은 물이 있다고 해도 우리에게는 '효자물'보다 더 좋은 물이 없습니다.

 신촌 약수터를 찾을 때마다 약수터 뒤뜰에 있는 커다란 말채나무를 보는 것이 또한 즐거움의 하나입니다. 이 나무 가지를 달여 먹으면 팔, 다리 아픈 데 좋다고 해서, 손이 쉽게 닿는 아래 가지를 함부로 잘라 볼품없이 자랐으나 그래도 싱싱한 잎과 줄기는 늘 나에게 많은 기쁨을 줍니다.

 그 곳에서 우연히 만난 한 관광객은 내가 그 나무를 너무 좋아하는 것을 보고 자기 동네에는 손상되지 않은 말채나무 숲이 있으니 원하면 언제라도 한번 보러 오라고 하였습니다.

 말채나무는 층층나뭇과에 속하는 낙엽 교목입니다. 전국에 넓게 분포되어 있으며 표고 100~1200m의 야산이나 계곡에 자생하는 활엽 교목으로 수고 약 10m, 지름 약 50cm까지 자라는 거목입니다. 내한성과 내조성이 강하며 햇볕을 좋아하나 음지에서도 상당히 잘 견디고 잘 자라며, 맹아력도 강한 편이나 생장은 느린 편입니다. 오래된 줄기는 감나무 껍질과 같이 그물처럼 잘게 쪼개지고, 잎은 어긋나며 길이 5~14cm 정도인 넓은 난형으로 잎 뒷면은 흰빛이 돌며 가장자리는 밋밋하고 측맥은 4~5쌍입니다. 취산화서는 7~8cm 정도이고 꽃은 6월에 피는데, 꽃잎은 길이 5cm의 피침형으로 흰색입니다. 열매는 지름 6~7mm의 둥근 핵과로 9~10월에 까맣게 익고 종자는 거의 둥근 모양입니다.

 목재는 재질이 좋아 가구재나 무늬목, 합판 재료로 사용하며 꽃과 열매가 아름다워 공원에 심을 만한 수종입니다. 번식 방법은 가을에 종자를 채취하여 마르지 않도록 노천에 묻어 두었다가 다음해 봄에 묘상에 파종

합니다.
 옛날에는 이 나무가 비교적 단단하므로 베틀의 북 또는 가마니를 바디를 만드는 데나 여러 가지 연장을 만드는 데 많이 이용되었다고 합니다.

 말채나무에는 다음과 같은 전설이 얽혀 있습니다.
 옛날 옛날 강원도 어느 산골 마을에는 해마다 남들이 즐거워하는 가을만 되면 큰 걱정이 있었습니다. 그것은 8월 보름날 밤 달이 뜨면, 뒷산에 사는 1000년 묵은 요술 지네 떼들이 몰려와서 일년 동안 공들여 지어 놓은 농작물을 모두 빼앗아 가버리기 때문이었습니다. 그래서 그 마을에는 아무리 풍년이 들어도 모든 양식을 지네들에게 몽땅 빼앗기고 늘 배고프고 가난하게 살았습니다. 그래서 그해에도 또 가을이 되고 8월 보름이 다가오니 동네 노인들의 걱정은 이만 저만이 아니었습니다. 마을 어귀에 있는 정자나무 밑에 모여서 근심 걱정을 하고 있는데 때마침 백마를 타고 그 앞을 지나가는 한 젊은 무사가 있었습니다. 그 무사는 노인들이 근심스러이 앉아 있는 앞으로 다가가서 마을에 무슨 일이 있느냐고 정중히 물었습니다. 노인들은 그들의 사정을 사실대로 그 무사에게 말하였습니다. 그 말을 듣고 한참 생각하던 무사는 노인들에게, 8월 보름 밤, 달이 뜨기 전까지 독한 술을 7동이 빚어서 지네들이 나타나는 마을 어귀에 가져다 놓으라고 하였습니다. 동네 사람들은 즉시 술을 빚어서 무사가 시키는 대로 했습니다. 보름달이 뜨자 과연 뒷산에서 우뢰와 같은 큰 소리가 나더니 7마리의 큰 지네가 입에서 독기를 뿜으며 많은 졸개를 거느리고 나타났습니다. 그리고 맛있는 술을 보더니 정신없이 막 먹었습니다. 무사는 칼을 뽑아 술에 취한 7마리의 도술 지네의 목을 모조리 베어 버렸습니다. 동네 사람들의 기쁨은 이루 말할 수가 없었습니다.
 다음날 아침 무사가 마을을 떠난다고 하자 온 동네 사람들이 모두 배웅을 하러 나와서 이별을 아쉬워했습니다. 그러자 무사는 손에 들었던 나무 말채를 땅에 깊숙이 꽂았습니다. 그리고 말하기를
 "이 말채가 여기 있는 한 지네들의 습격은 없을 것입니다."
라고 하면서 말을 타고 어디론가 가버렸습니다.

봄이 되자 그 말채에서 뿌리가 내리고 잎이 피고 꽃이 피어 큰 나무로 자라났고, 과연 그 무사의 말대로 다시는 지네의 횡포는 없었습니다. 그후 동네 사람들은 무사가 꽂은 무사의 말채에서 자라난 나무를 '말채나무'라고 부르게 되었다고 합니다. 그래서 지금도 말채나무 가까이에는 지네가 범접하지 않는다고 합니다.

14
메타세쿼이아

우리집 창문을 열면 공룡과 함께 살았다는 화석 시대의 식물 메타세쿼이아 가로수가 물밀듯이 밀어닥치는 자동차의 홍수를 말없이 바라보고 서 있는 모습이 보입니다.

안동에서 영주로 통하는 국도에 가로수로 심은 60여 그루의 메타세쿼이아는 안동의 풍토가 생육 조건에 잘 맞는지 별 탈없이 참 잘 자라서 지금은 높이 10m 가량의 큰 나무로 커서 여름에는 시원한 그늘을 만들어주고 봄, 가을에는 아름다운 수형을 자랑하고 있습니다.

이 식물의 존재가 처음 확인된 것은 화석을 연구하는 과정에서 발견하였기 때문에, 2억 년이 넘는 그 오랜 옛날에 살았던 식물인 만큼 현재에는 멸종되고 없을 것이라고 생각하던 식물입니다.

그런데 뜻밖에도 중국에서 이 나무가 지금도 살아 있다는 것이 알려지자 세계의 생물학계에서는 커다란 환희와 충격을 받았습니다.

이 나무를 처음 발견한 사람은 중국 임업 공무원이었던 왕전(王戰)이라는 사람인데 그는 1945년, 중국의 사천성 마도계(磨刀溪)에 있는 한 사당 부근에 자라는 거대한 신목(神木)이, 그가 처음 보는 신기한 나무인지라, 확실한 이름과 성향을 알고자 남경대학에 이 나무의 표본을 보내어 문의하였던 바, 다음해 북경대학 생물학 연구소에 표본이 이송되어 엄밀히 검토되고 연구한 결과 이 나무가 바로 화석에서 발견되었던 메타세쿼이아라는 것이 밝혀져, 1946년 중국지질학회지에 살아 있는 메타세쿼이아로 세상에 확정 보고되었던 것입니다.

은행나무와 소철도 살아 있는 화석식물로서 유명한데 이제 메타세쿼이아가 하나 더 첨가해서 화석시대의 식물이 또 하나 더 는 셈입니다.

이 나무의 화석은 세계 여러 곳에서 잘 발견되는데 미국, 만주 등 뿐만 아니라 우리나라에서도 포항에서 이 나무의 화석이 발견되었다고 합니다.

선사 시대에 공룡과 함께 살아온 이 나무가 지금은 번화한 도시의 한복판에서 온갖 공해를 이기며 우리와 함께 산다고 생각하니 무척 정이 가고 사랑이 가는 나무입니다.

삼나뭇과에 속하는 이 나무는 높이 35m, 지름 2m에 달하는 거목이며 내한성이 강하고 생장 속도가 무척 빠릅니다. 비옥한 토질을 좋아하고 음지를 매우 싫어하는 극양수입니다.
 깃털 모양의 잎은 무척 아름답고 부드러우며, 마주난 작은 잎은 길이 1~2cm, 넓이 1.5~2.0mm인 선형으로 밑부분이 둥글고 끝은 뾰족합니다.
 특히 초봄에 돋는 신록은 더없이 아름다우며 균형 잡힌 원추형 수형과 조화되어 봄을 더욱 아름답게 꾸며줍니다.
 줄기는 적갈색이고 얇은 표피가 세로로 줄줄 갈라지는 것이 특색입니다. 가을에는 적갈색으로 아름답게 단풍이 들며 작은 가지와 함께 낙엽이 집니다.
 수형이 아름다운 이 나무는 공원이나 학교, 공장의 녹지 등에 풍치수, 기념수, 경관수 등으로 심을 만한 나무입니다.
 심근성인데다 잔뿌리가 많은 이 나무는 튼튼히 땅에 서 있기 때문에 수고가 높아도 비교적 바람에 강하다고 합니다.
 번식은 종자로 할 수도 있고 삽목으로 할 수도 있는데, 종자는 1리터당 약 76,300개가 들어 갈 정도로 아주 작은 열매이며 가을에 채취해서 기건 저장 후 봄에 묘상에 파종하기 전 약 1개월간 노천 매장하였다가 파종하면 됩니다.
 삽목에 의해 번식할 경우는 작년에 자란 충실한 가지를 약 10cm 정도로 잘라서 1/3가량 배수가 잘 되는 모래땅에 묻고 위에 해가리개를 한 다음 마르지 않도록 관수를 하면 약 2개월 후에 발근하게 됩니다.
 뿌리가 완전히 난 다음에는 비옥한 땅에 옮겨 심어서 생장을 촉진시키면 좋은 묘목을 얻습니다.
 성목의 이식은 활착이 잘 되지 않으므로, 큰 나무는 되도록 이식하지 말고 어린 묘목을 제자리에 정식하는 것이 유리합니다.
 공룡이 살던 시대부터, 그 다음에 닥쳐온 빙하기에도 얼어 죽지 않고 용케도 살아 남은 메타세쿼이아는 살아 남았다는 것만으로도 위대한 존재입니다.
 공룡 시대에 있었다고 생각되는 수많은 동식물들이 모두 멸종했는데도 이 나무만은 그 어려운 환경적인 역경을 이겨내고 생존할 수 있었던 것은 이 나무의 성실한 삶의 태도 때문이라고 생각합니다.

사람도 또한 마찬가지라고 생각합니다.

　세계적으로 이름이 높이 나고 권세가 높은 사람만이 훌륭한 사람이 아니라 지구 한쪽 구석에서 누구의 주의도 받지 않고 무성한 한낱 들풀같이 이름없는 존재로 하루하루를 살아가도, 삶이 그에게 걸어오는 온갖 어려운 싸움을 회피하지 않고 떳떳하게 맞설 수 있는 사람, 한 순간을 살면서도 이 순간에 이 자리에 내가 왜 살아가는가를 생각하고 남에게 보이기 위한 것이 아닌 진실로 자신이 할 수 있는 일을 다 하는 사람이 정말로 훌륭한 사람이 아닐까요.

　나는 가끔 메타세쿼이아 가로수 밑을 걸어 아침 산책을 합니다.

　그리고 온갖 고초를 모두 견디고 이겨온 이 최후의 승자에게 무한한 찬사와 갈채를 보냅니다.

　옛날에는 공룡과 함께 살던 이 나무가 지금은 20세기의 문명인과 함께 도시 한복판에서 사는데 어느 때 삶이 더 좋은지 물어봅니다.

　2억 년 전에 살던 이 나무가 그 긴 생명을 면면이 이어 온 것을 생각하면 이 나무 앞에서 일종의 존경심과 함께 생명에 대한 존엄성을 더욱 실감하게 합니다.

　우리들의 잘못으로 많은 동식물들이 이 순간에도 멸종되어 가는 것을 생각할 때, 문명이라는 이름으로 지은 인간들의 잘못은 더 이상 저질러서는 안 된다고 생각합니다.

　지금과 같은 환경 공해 상태에서 다시 2억 년이 지나간다면 과연 사람도 이 나무같이 건강하게 살아 남을 수 있을 것인가? 하고 물어봅니다.

　그 대답은 아마 2억 년을 미리 살아온 이 나무만이 잘 알 것이라고 생각합니다.

15
모 란

봄에 피는 아름다운 꽃 중에 모란을 빼놓을 수 없습니다.

성장(盛粧)한 여인을 연상케 하는 이 꽃의 꽃말은 그 모양이 주는 화사함과도 같이 부귀(富貴)와 성실(誠實)입니다.

중국 원산인 이 꽃이 우리나라에 처음 들어온 것은 멀리 신라 진평왕 때였으며, 그때 당나라 태종이 홍색, 자색, 백색, 이 3색의 모란꽃을 그린 그림과 함께 모란 씨앗 3되를 보내왔습니다.

당시 어린 공주였던 선덕여왕은 모란꽃 그림을 보고,

"이 그림을 보니 꽃은 아름다워도 벌, 나비가 날아들지 않는 것으로 미루어 이 꽃은 틀림없이 향기가 없는 꽃일 것입니다."

라고 말하였는데, 과연 그후 모란을 궁전 뜰에 심었더니 향기라고는 없는 꽃이 피어 선덕여왕의 예언이 맞았다 하는 일화가 있습니다.

그래서 오늘에 이르기까지 모란은 향기 없는 꽃으로 알고 있으나, 사실은 그렇지가 않고 약하고 미미하지만 개화 후 5~6일간은 향기가 조금 풍기는 꽃입니다.

화중왕(花中王), 부귀화(富貴花) 등의 별명을 가진 이 꽃은 많은 사람들의 사랑을 받아 왔으며, 특히 시인 묵객들의 예찬을 받아왔습니다.

그래서 모란의 그림도 많고 모란에 관한 글과 시도 수없이 많습니다. 김영랑의 '모란이 피기까지'는 몇 번이나 읽어도 싫증이 나지 않는 만고의 명시라고 생각합니다.

모란이 피기까지는
나는 아직 나의 봄을 기다리고 있을 테요.
모란이 뚝뚝 떨어져 버린 날
나는 비로소 봄을 여윈 설움에 잠길 테요.
오월 어느 날 그 하루 무덥던 날
떨어져 누운 꽃잎마저 시들어 버리고는
천지의 모란은 자취도 없어지고
뻗쳐 오르던 내 보람 서운케 무너졌느니
모란이 지고 말면 그뿐 내 한 해는 다가고 말아

삼백 예순 날 하냥 섭섭해 우옵네다.
모란이 피기까지는
나는 아직 기다리고 있을 테요, 찬란한 슬픔의 봄을.

　신방에 치는 병풍에도 신랑 신부의 베갯머리에도 등장하는 모란의 그림은 옛부터 수없이 많은 화가의 손에 의해 다양하게 그려졌지만 안동이 낳은 여류 화가 나창교(羅昌嬌) 여사의 모란 그림만큼이나 정감이 도는 그림도 별로 없습니다.
　미나리아재빗과에 속하는 이 작은 낙엽 관목은 높이 2m 정도인 작은 나무인데, 전국 곳곳에 정원수로 많이 심고 있습니다.
　주관은 따로 없고 밑에서 많은 줄기가 총생하여 떨기를 이루며, 굵은 줄기는 지름이 15cm에 달하는 것도 있습니다.
　뿌리는 땅속 깊이 들어가지 못하며 양지를 좋아하는 식물이고, 생장은 무척 느린 편이며 건조하지 않은 사질 양토에서 그래도 가장 잘 자랍니다.
　추위에 강하므로 우리나라에서는 어디서라도 노지에서 월동이 가능하고 좋은 꽃을 피웁니다.
　꽃은 5월에 피는데 꽃잎은 5~8개이고 지름 15cm 이상의 곱고 소담스러운 꽃이 만발할 때는 장관을 이룹니다.
　삭과인 열매는 9월에 익으며 종자는 둥글고 검은색입니다.
　모란이라는 말을 하니 생각나는 '모란등기(牡丹燈記)'는 중국 명나라의 구우(瞿佑)라는 사람이 쓴 괴기소설 '전등신화(1387)' 속에 수록되어 있는 괴기소설의 이름이며, 한여름 밤에 읽어도 등골이 오싹해지는 무서운 이야기입니다.
　이야기 줄거리는 대략 다음과 같습니다.
　옛날 한 총각 선비가 멀리 떨어져 있는 친구 집에 놀러 갔다가 해가 질 무렵에야 거나하게 취해서 집으로 돌아오려고 산길을 걸어갔습니다.
　산고개를 하나 넘고 또 한 고개를 넘고 있을 때, 어디서인지 가냘픈 여자의 신음 소리가 들려 왔습니다. 선비는 걸음을 멈추고 사방을 돌아다보니 큰 나무 밑에 한 여자가 쓰러져 있었습니다.

선비는 여자 옆으로 다가가서
"어디가 불편하십니까?"
하고 물었습니다.
　여자는 수줍은 듯 얼굴을 가리고
"친척 집에 다녀오다가 그만 발을 헛딛어서 다리를 삐었습니다."
라고 하였습니다.
　총각은 불쌍한 생각이 들어서 그 여인을 부축해서 그녀의 집까지 바래다 주기로 하였습니다.
　여인에게 다가서니 여인의 몸에서는 은은한 모란의 향기가 풍겨나오며 달빛 아래 보이는 여인의 얼굴은 젊고 희고 아름다웠습니다.
　얼마쯤 산속으로 들어가니 여인의 집이 있었습니다.
　여인은 선비를 집 안으로 안내하면서
"혼자 사는 집이라 몹시 누추합니다."
라고 하면서 차를 끓일 차비를 하였습니다.
　방안을 둘러보니 장롱이며 병풍이며 세간이 잘 정돈되어 있었고 깔끔하였습니다. 선비는 그날 밤 그 여인의 집에서 극진한 대접을 받고 다음날 새벽에야 집으로 돌아왔습니다. 여인은 선비에게 간절히 말했습니다.
"선비님을 만난 곳에서 오늘 밤에도 기다리겠으니 꼭 오시기 바랍니다."
　집으로 돌아온 선비는 해가 지기가 무섭게 그 여인을 만나러 산으로 갔습니다. 약속 대로 여인은 미리 나와 기다리고 있었는데, 손에는 모란꽃이 수놓인 커다란 등롱(燈籠)을 들고 있었습니다.
　그날부터 선비는 매일 밤 여인을 만나러 산으로 갔고, 그때마다 여인은 등롱을 들고 선비를 반가이 맞이하였습니다. 그리고 두 사람의 사랑은 끝없이 깊어만 갔습니다.
　그런데 이상한 것은 그 여인을 만나고 나서부터는 선비의 몸이 눈에 띌 정도로 수척해지기 시작하였습니다.
　어느 날 선비의 거동이 수상하다고 생각한 동네 청년들은 저녁에 그 선비의 뒤를 몰래 따라가 봤습니다. 청년들은 마침내 선비가 산속에서 어느 여자와 몰래 만나 숲속으로 들어가는 것을 보고 계속 뒤를 따랐습니다.

그런데 선비와 여인은 잡초가 무성한 어느 무덤 앞에 다다르더니 걸음을 멈추는 것이었습니다. 그 무덤은 뫼를 쓴지가 아주 오래되어 보이며 흙이 허물어지고 검은 관이 드러나 있는 묵은 묘였습니다.

그때 그 여인은 그 관의 뚜껑을 여는 것이었습니다. 그 광경을 본 청년들은 모두 선비의 이름을 불렀습니다. 그리고 청년들은 선비를 구하러 그리로 달려갔습니다.

그러나 청년들이 달려갔을 때는 이미 늦었습니다. 관 뚜껑이 열리자마자 둘은 손을 굳게 잡고 관 속으로 들어가고 말았습니다. 한번 닫힌 관 뚜껑은 아무리 열려고 해도 꼼짝도 않으며 다만 관 앞에 모란이 수놓인 커다란 등롱만이 나동그라져 있었습니다.

모란을 볼 때, 화려한 꽃 뒤에 숨은 저승의 여자와 이승의 남자와의 뜨거운 사랑이야기를 가끔 생각해 보기도 합니다.

모란은 한약재로도 값이 비싸며, 한방에서는 목단피(牡丹皮), 혹은 단피(丹皮)라고도 합니다. 봄 또는 가을에 뿌리의 껍질을 채취해서 약으로 쓰는데 각종 열병, 어린이들의 간질병, 월경 불순 등에 쓰인다고 합니다.

모란에 얽힌 괴기소설의 무서운 이야기로 모란 이야기 끝을 맺기 싫어서 고려시대의 문신이며 당대의 풍류 시인이었던 이규보(李奎報 1168~1241) 선생의 시 한 수를 한글로 번역해서 소개할까 합니다.

진주알 맺힌 듯이 아침 이슬 먹은 모란
꺾어 든 아가씨가 문 앞을 지나다가
정든 사내 보고 "이 꽃 곱기 나만 해요?"
엉큼한 서방님이 능청떨어 대답하되
"곱기야 꽃이 더 곱지 사람이야 어이 곱소?"
그말 듣던 아가씨는 불현듯 시샘 나서
들었던 꽃 내던지고 발 굴러 비비면서
"그 꽃이 이 몸보다 진정으로 더 곱거덜랑
오늘부터 그 꽃하고 마음껏 살아보셔."

16
무화과나무

나는 어릴 때 동네 아이들을 따라 교회에 가끔 나간 일이 있었습니다.

교회에서는 예쁜 카드도 주고, 크리스마스 때에는 연극도 구경하고 또 선물도 주므로 무척 재미있는 곳으로 생각되어 여러 번 가봤습니다.

그런데 그때 목사님으로부터 많은 이야기를 들었는데 무화과나무에 관한 이야기도 그때 들은 이야기입니다. 그때는 너무 어려서 무슨 이야기인지 그 뜻을 잘 알 수 없었으나 지금에 와서 성경을 보니 대략 다음과 같은 뜻의 이야기였다고 생각됩니다.

예수께서 많은 사람들로부터 열렬한 환영을 받으며 '예루살렘'까지 가셨다가 다시 12제자들을 데리고 '베다니'로 가게 되었습니다. 그때 예수께서 시장하신지라 무엇인가 먹을 것이 있나 하고 살펴보니 멀리에 잎이 무성한 무화과나무가 한 그루 보였습니다. 혹 그 나무에 무엇이 있을까 하고 가까이 가 보았더니 잎만 무성하고 열매는 없었습니다. 그것은 그때가 아직 철이 일러서 열매가 맺을 시기가 아니었기 때문이었습니다.

그러나 몹시 시장하신 터이라 열매를 찾던 예수께서는 무화과나무를 보고,

"이제부터는 영원히 사람들이 너로부터 열매를 따 먹지 못하리라."

하시며 저주를 하셨는데 제자들은 이 말을 모두 들었습니다.

다음날 아침, 예수와 제자들이 다시 무화과나무 앞을 지나가게 되었는

데, 그때 무화과나무를 보니 웬일인지 나무가 뿌리에서부터 말라 있었습니다. 이것을 보고 '베드로'라는 사람이,
"예수님 보십시요, 당신이 저주하시더니 나무가 말라들고 있습니다."
라고 하였습니다.
　그러자 예수는 자기의 말을 제자들이 믿게 하기 위해서 무화과나무로 그 실증을 보여주신 것이라고 하였습니다 (마가복음 11장의 내용).
　무화과는 아라비아 남부 지방이 원산이며 그곳에서부터 옛날에 시리아, 소아시아 등지를 경유하여 지중해 연안 여러 나라에 보급되어 널리 재배되게 된 나무입니다.
　무화과의 재배 역사는 무척 오래이며 위에서 보듯이 성경에도 나오고 '코란'에도 나오는 아주 역사가 오랜 과수의 하나입니다.
　'코란' 95장의 한 대목을 보면 '자비로우시고 자애로우신 알라의 이름으로 무화과나무에 걸어서, 감람나무에 걸어서, 시나이 산에 걸어서, 이 평화스러운 나라 메카에 걸어서 우리는 인간을 가장 아름다운 모습으로 창조했다. 그리고 그를 낮은 것 중 가장 낮은 것으로 끌어내렸다.'라고 해서 무화과나무가 등장합니다.
　무화과가 우리나라에 들어와서 재배되게 된 역사는 그리 오래되지 않고, 기록에 의하면 1927년 다른 여러 가지 외국 과실과 같이 들어와서 주로 남쪽 따뜻한 지방의 일부에서만 재배되고 있습니다.
　뽕나뭇과에 속하는 낙엽 활엽 관목인 이 나무는 원산지에서는 10m가 넘는 큰나무도 있다고 하나 농장에서는 높이 2~4m 정도인 비교적 작은 나무로 키웁니다.
　수피는 어릴 때 회백색이며 자람에 따라 점차 회갈색으로 변하고 가지를 무척 많이 쳐서 수관이 꽉 찹니다. 그래서 여름에는 그늘이 짙고 그 밑에서 쉬기가 참 좋다고 합니다.
　잎은 어긋나며 길이 10~20cm 정도의 넓은 계란형인데 가장자리는 3~5개 정도로 깊게 갈라져서 보기가 매우 시원합니다.
　잎의 표면은 거칠고 뒷면에는 잔털이 나 있으며 5개의 맥이 뚜렷하게 보이며 엽병의 길이는 5cm 정도로 긴 편입니다.

　무화과는 고온 건조한 지방이 재배의 적지이므로 우리나라는 무화과 재배에 맞지 않는 곳입니다. 추위에 약하지만 그래도 감귤류보다는 견디는 힘이 더 강해서 −9.4℃ 정도 되는 곳에서도 동해를 받지 않으나 어린 나무는 이보다 더 추위에 약합니다.
　성숙기에 온도가 낮은 곳에서는 가을 과실의 질이 나빠지므로 우리나라에는 재배가 부적당한 과실이고 남부 지방과 제주도가 아니면 하우스 재배를 해야 하는 품종이라고 생각합니다.
　무화과(無花果)는 이름 그대로 꽃이 피지 않고 과실이 달리는 나무라고 말하고 있는데 사실은 그렇지가 않고, 무화과나무의 꽃은 그 구조가 특이해서 꽃받침과 꽃대궁이 비대해져서 마치 과실 모양을 한 그 깊은 과육 속에 많은 꽃들이 감추어지고 있는 특별한 꽃입니다.

다른 모든 꽃들은 밝은 하늘 아래 마음껏 꽃잎을 자랑하고 향기를 내뿜는데 무화과 꽃은 깊은 동굴 속에서 절대로 외부에 노출되지 않고 자신의 실속을 위해서만 피는 꽃입니다.

아름다운 여인들을 집 안과 '차돌' 속에만 감추어 두는 아랍인들처럼 무화과 꽃도 어둡고 밀폐된 장소에 비밀리에 꽃을 간직하는 품이 마치 아랍인들의 비밀주의와 같아서 그들에게 걸맞는 꽃이 아닌가 생각됩니다.

무화과의 과실은 새순 기부(基部)의 셋째 잎에서부터 달리기 시작하여 끝으로 가면서 성숙되는데, 새순 끝부분의 과실은 늦가을 기온이 낮은 시기에는 자라지 않고 팥알만한 작은 과실로 월동하였다가 다음해 봄부터 다시 자라기 시작하여 6~7월경에 완전히 성숙합니다.

이것을 춘과(春果)라고 하고, 이에 대해서 그해 맺혀서 그해 가을에 따는 과실을 추과(秋果)라고 하는데 이 가을 과실이 중요한 수확 대상이 되고 있습니다.

잘 익은 무화과의 열매는 무척 달고 맛이 좋다고 하나 나는 아직까지 잘 익은 과실을 먹을 기회가 없었고 설익은 과실만 먹어 봤기 때문에 무화과의 참맛을 아직 모릅니다.

열매 속에는 단백질의 분해 효소가 많이 들어 있어서 육식을 한 후에 먹으면 소화가 잘 된다고 합니다. 생과를 생식하는 이외에도 잼이나 파이를 만드는 데도 무화과 열매가 쓰인다고 합니다.

번식은 꺾꽂이로 하고, 민간에서는 열매를 완하제(緩下劑)로 쓰고 유액을 치질 및 살충제로 사용하기도 한답니다.

서양에서는 무화과나무에 대한 전설이 참 많은데, 금단(禁斷)의 나무 또는 생명의 나무 열매를 먹은 '아담'과 '하와'가 무화과의 잎으로 허리를 감추었다는 이야기도 있고, 금단의 열매가 바로 무화과나무였다고 말하는 사람들도 있습니다.

로마에서는 '바커스'라는 술의 신이 무화과나무에게 열매가 많이 열리는 방법을 가르쳐 주어 무화과나무는 다른 나무보다 더 많은 열매를 맺는다고 하는 전설도 있습니다. 그래서 무화과나무의 꽃말이 '다산(多産)'이라고 하는 것도 여기에서 유래된 것이라고 생각됩니다.

17
물푸레나무

　가을은 아무리 감정이 무딘 사람이라도, 그 사람을 시인으로 만드는 계절입니다. 아무리 정열이 식은 사람이라도 그 사람 가슴속에 사랑을 불태우게 하는 계절입니다.
　온천지가 단풍으로 물들고, 그 잎새들이 하나 둘 떨어져 나가 하늘 아래 모두가 텅 빈 듯 더 많은 공간이 생길 때, 그 공허만큼이나 마음도 허전함을 느껴, 그 빈곳을 채우려고 더 뜨거운 정을 요구하게 되는 계절입니다.
　한잎 두잎 낙엽이 질 때면 그 낙엽만큼이나 많이 편지를 쓰게 하는 계절이기도 합니다.
　일년 내내 한장의 편지도 못쓰는 사람도 가을이 되면 왠지 자꾸자꾸 편지를 보내고 싶은 마음이 생기게 됩니다.
　확실히 가을은 내실을 기하기 원하는 계절이고 사색의 계절임에 틀림이 없습니다. 평소에 의식하지 않고 지나가던 많은 정겨운 사람들의 소식이 가을에 들어서자 간절하게 생각이 나서, 단풍잎만큼이나 많은 사연이 담긴 편지를 보내고 싶어지나 봅니다.
　나는 조용히 가을을 맞는 뜰 앞에 한 그루 물푸레나무를 보며, 옛 선비들의 정신을 다시 생각해봅니다.
　옛날에는 학업을 소홀히 하거나 사람으로서의 바른 도리를 지키지 못한 아이들에게는 늘 훈장이나 집안 어른들이 싸리나무나 물푸레나무 회초리로 종아리에서 피가 나도록 엄한 벌을 내렸습니다. 그러므로 물푸레나무 회초리가 무서워서 태만하지 않고 열심히 공부해서 과거에 급제한 선비들은 집으로 돌아오자, 곧 뜰 앞에 서 있는 물푸레나무에게 큰 절을 했다고 합니다. 그러나 요사이는 어떻습니까? 내가 근무하는 중학교에서 일어난 한 예를 들면, 어느 중3 학생이 극히 외설적이고 부끄러운 성인 만화를 교실에 갖고 와서 공부 시간에 보다가 선생님에게 적발이 되어, 그 선생님으로부터 몇 대 종아리를 맞았습니다. 집에 돌아가자, 회초리로 줄이 선 종아리를 본 학부형은 학생을 앞세우고 경찰서에 가서, 그 여선생을 폭행죄로 고발을 했습니다. 물푸레나무에게 절을 하던 사람들의 후예들이 어쩌면 이렇게도 많이 달라질 수가 있습니까!

내가 처음 교단에 설 때만 해도 '내 자식 매를 주어서라도 사람 만들어 주십시오.'하는 학부형의 부탁이었는데, 요즘은 '내 자식 평생 먹을 것 내가 다 벌어 놓았으니 공부 좀 못해도 때리지 말고 관대히 봐주십시오.'하는 부탁으로 바뀌었습니다.

자식 교육 문제에 관한 관심사에는 일본 사람이라고 다를 바 없습니다. 일제 시대에 '테라우치'라는 총독이 한때 한국에 와 있었던 일이 있었습니다. 그에게는 국민학교에 다니는 어린 아들이 있었는데, 그 철부지 아이는 모든 사람이 자기 아버지인 총독 앞에서 머리를 조아리고 쩔쩔매는 것만을 보고 커 왔기 때문에 세상에서 제 아버지가 가장 높고 위대한 사람이며 다른 사람은 모두 아버지보다 못한 사람이라고 단정을 지었습니다. 그래서 학교에 가서도 선생님의 말씀마저 대수롭게 여기지 않고 늘 제멋대로 방종한 생활을 하였으며 학업도 게을리했습니다. 평소 이 나쁜 버릇을 고쳐주려고 생각하던 한국인 담임 선생님이 어느 날 또 못된 짓을 하는 그 아이를 불러 세워 모질게 종아리를 때렸습니다. 종아리에는 회초리 자국이 수없이 많이 났습니다. 아이는 큰소리로 울며 집으로 갔으며 집에 가서도 울음을 그치지 않았습니다. 교장을 비롯한 모든 선생님들은

"총독의 외아들을 때렸으니 박 선생, 이 일을 어떻게 수습해야 하는가요?"

물푸레나무

하며 큰 걱정을 했습니다. 교장이 곧 총독 관사에 사과 전화를 하자 의외로 부드러운 음성으로, 매질을 한 박 선생님에게 며칠 후 꼭 혼자서 총독 관사에 가정 방문을 해달라는 간곡한 부탁을 해 왔습니다.

한편 총독 관사에서는 며칠 뒤에 대단히 귀하신 손님이 오신다고 총독 부부가 손수 집 안팎의 대청소를 감독하고 음식상 차릴 준비를 하는 등 야단법석입니다. 아이는 속으로 '우리 아버지가 최고 높은 줄 알았는데, 우리 아버지보다 더 높은 분이 오시나보다. 그 분은 과연 누구일까?'하고 몹시 궁금해 하였습니다.

드디어 손님이 오시는 날이 되자, 총독 부부는 새 옷으로 갈아입고 아이에게도 제일 좋은 옷으로 갈아입힌 다음, 지금까지는 늘 방안에 앉아서 손님을 맞던 총독이 이번에는 직접 현관 앞마루까지 부부가 함께 나가서 단정히 꿇어앉아 손님이 오시기를 기다리고 있습니다.

얼마 후 비서의 정중한 안내를 받으며 들어오는 사람은 바로 자기에게 매를 때린 자기의 담임 선생님이었습니다. 총독 내외는 선생님에게 정중히 인사를 드리고, 직접 선생님을 모시고 극진히 대접하며,
"내 아이의 버릇을 바로잡아 줄 분은 이 세상에서 바로 선생님뿐이니 부디 내 자식 사람 만들어 주십시요."
하는 것입니다.

이 광경을 본 아이는 지금까지 자기 아버지가 최고인 줄 알았는데 부모님이 선생님을 극진히 모시는 것을 보고 담임 선생님이 아버지보다 더 높은 분이라고 생각했습니다. 그리하여 그후부터는 선생님의 말씀에 절대 복종해서 공부도 잘하고 행실도 좋은 아이가 되었다고 합니다.

총독이 자식의 스승에게 머리를 숙이는 정신이 바로 우리 옛선비들이 물푸레나무에게 절을 하는 정신과 상통하는 그 무엇이 있는 듯합니다.

가지를 꺾어 물 속에 넣으면 물을 푸르게 한다고 물푸레란 이름이 붙은 이 나무는 물푸레나뭇과에 속하며, 전국 산야에 자생하는 낙엽 활엽 교목입니다.

높이 30m, 지름 50cm에 달하는 거대한 이 나무는 어려서는 음지에서도 잘 자라나 커 갈수록 햇빛을 좋아하며 내한성이 강합니다. 도끼자루,

괭이자루 또는 도리깨 등 농가에 쓰임이 많은 이 나무는 어린나무라도 많이 베어 가기 때문에 인가 가까이에서는 큰 나무를 볼 수 없고 2~5m 정도의 작은 나무만 눈에 잘 띕니다. 깃털 모양의 잎은 마디마디 서로 어긋나게 나 있고 5~7개의 작은 잎은 피침꼴이며 가장자리에 잔주름과 같은 톱니가 있습니다. 꽃은 암수딴그루로 5월에 흰색으로 피며 원추화서는 길이 6~12cm 정도이며 봄에 새로 자란 가지에서 핍니다. 열매는 길이 2cm 정도의 길고 가느다란 날개를 가진 시과(翅果)로 9월에 홍색으로 익습니다.

물푸레나무의 껍질은 한방에서는 오래 전부터 좋은 약재로 써왔는데 생약 이름으로는 진피(秦皮), 백진피(白秦皮)라고 하며, 생육 기간 중 생나무에서 직접 껍질을 벗겨서 햇볕에 말린 다음 잘게 썰어서 약으로 씁니다.

해열, 진통, 소염, 수렴 등의 효능이 있으므로 류머티즘, 통풍, 기관지염, 장염, 설사, 이질, 대하증 등 여러 가지 증상에 쓰인다고 합니다.

목재는 탄력이 좋아서 총의 개머리판, 골프채 손잡이, 야구 방망이 등 운동기구나 악기 재료로 적합하고 그 외에 가구 제작용으로도 쓰입니다.

북유럽에는 오딘과 물푸레나무에 관한 다음과 같은 전설이 있습니다.

오딘(Odin)은 북유럽의 최고 신이며 게르만 민족이 신봉하는 신으로서, 중세 암흑기에 전쟁만하던 유럽에서는 싸움의 신으로 높이 추앙받았으며 '만물의 아버지'라고 불리어졌고, 오딘은 천지나 인간의 창조자인 동시에 모든 다른 신들은 모두 오딘의 아들이라고 합니다. '창을 던지는 자', '싸움의 아버지', '전사자의 아버지' 등 많은 별명을 갖고 있는 절대적인 오딘은 영원히 죽지 않고 사는 유일한 존재라고 믿었습니다.

오딘이 어느 날 바닷가를 거닐다가 세상의 인간이 아직 한 사람도 없음을 쓸쓸하게 생각한 나머지, 언덕 위에 서 있는 물푸레나무로 남자를 만들었습니다. 그래 놓고 보니 남자들만 사는 모습이 왠지 만족스럽지 않아서 이번에는 맞은편 언덕에 서 있는 오리나무로 남자의 짝이 되는 여자를 만들었습니다. 물푸레나무로 만든 최초의 남자를 '아스케', 오리나무로 만든 최초의 여자를 '엠브라'라고 이름을 지었는데 이 두 남녀가 바로 인간의 조상이라고 합니다.

뿐만 아니라 북부 유럽 전설에는 아주 큰 물푸레나무 한 그루가 이 우주 전체를 떠받들고 있으며, 그 물푸레나무에는 3개의 큰 뿌리가 내려 있는데, 첫째 뿌리는 '아스가르드'신의 집으로 뻗쳤고, 둘째 뿌리는 '요툰헤임'이라는 거인의 집에 뻗쳤고, 셋째 뿌리는 '무스페레헤임'이라는 밤과 추인(醜人)의 땅에 뿌리를 박고 있다고 합니다.

그리고 이 물푸레나무의 첫째 뿌리 옆에는 '과거, 현재, 미래의 샘물'이 흐르고 있고, 둘째 뿌리 옆에는 '지혜의 샘'이 있고, 셋째 뿌리 옆에는 '독사의 샘'이 있는데, 이 세 우물의 물을 먹으며 물푸레나무는 크게 잘 자라 가지를 우주 공간에 넓게 펼쳤는데, 그 나뭇가지에는 4마리의 사슴이 뛰어다니며 동서남북의 바람을 만들어 낸다고 합니다. 그 나뭇 가지 안에 황금의 궁전을 지어 오딘은 거기 살며 세상을 바라보고 있는데, 오딘의 어깨 위에는 두 마리의 까마귀가 매일 이 세계를 오가며 본 일들을 모두 오딘에게 고해 바치고, 오딘의 발 아래에는 2마리의 이리가 앉아서 세상 사람들이 오딘에게 바치는 모든 제물을 모두 받아먹는다고 하였습니다. 이와 같이 오딘은 우주 복판에 있는 물푸레나무 궁전에 앉아서 영원히 죽지 않으며 우주를 지배하고 있다고 생각하고 있습니다.

18
박달나무

　나는 혼자만의 여행을 좋아합니다.
　차창으로 내다 보는 세상은 이미지가 부각하는 무한의 천지이며, 일체의 잡다한 세속과 얽매인 현실을 훌훌 벗어던지고, 알몸뚱이로 한량없는 자유와 고독을 즐길 수 있는 전망대(展望臺)이기 때문입니다.
　달려가는 아스팔트 길 노란 차선으로 한 무리의 사념(思念)의 파랑새들이 날아와 분주히 지저귀고 가면, 또 다른 한 떼의 지혜 있는 사념(思念)의 새들이 날아와 내 답답한 원고지에 직접 낙서를 하고 가기도 한답니다.
　그래서 차창은 나의 움직이는 서재이며 나의 시심(詩心)이 살찌고 시상(詩想)이 날개를 펴는 여백(餘白)이기도 합니다. 글을 쓰다가 상이 막히거나, 진부한 표현들이 되씹여서 염증이 나면 나는 홀연히 차를 몰고 어디론가 갑니다. 가는 곳은 어디라도 좋고 길어도 짧아도 상관없습니다. 진부한 상념의 범주를 벗어나지 못하는 마음의 직성이 풀리기만 하면 되는 것이기 때문입니다. 그러나 나는 도심으로의 화려한 여로보다는, 세속에 오염되지 않은 신선한 자연미 풍부한 시골길로 접어드는 것을 더 좋아합니다.
　차에 오르면 나는 초면의 가인(佳人)이라도 대하듯 차창을 내다보며, 보석 상자의 뚜껑이라도 열듯 사념(思念)의 문을 열고 차창을 응시합니

18 • 박달나무 93

박달나무

다. 온갖 상상(想像)과 공상(空想)이 차창 안팎을 제 마음대로 드나들며, 제 신명껏 노닐도록 맡겨두고 나는 허심의 경지에서 차를 몰고 갑니다.

차 안에는 아무도 없어야 합니다. 만일 누군가가 있으면, 나는 그와 그 시시껄렁한 세속의 화제에 휘말려, 나의 상념의 성역이 교란당하고 허물어져 버리고 마음껏 나래를 펼 수 없기 때문입니다. 그래서 라디오나 카세트의 음악도 일체 꺼버립니다. 그리고 천천히 차를 몰고 갑니다. 자가용의 매력은 천천히 달리는데 있다는 것을 오래 전부터 익히 잘 알고 있기 때문이고 천천히 달려야만 내 상상의 세계가 더 자유로이 펼쳐지기 때문입니다.

경쾌한 엔진 소리는 더러 졸음을 불러오기도 하지만 아늑한 요람처럼 꿈의 날개를 달아주기도 합니다. 적당한 진동은 감미로운 리듬이 되어 상념의 약동을 부추겨 주기도 합니다.

무의식의 심연(深淵)에 가라앉아 있던, 시의 종자나 구상의 조각들이 하나하나 고개를 들고 되살아나오기 시작하며, 막혔던 작품의 윤곽이 희미하게 떠오르기 시작합니다.

시간적 여유가 없을 때 나는 도산서원을 즐겨 찾으나 시간이 많을 때는 중령재를 넘고 제천을 지나 박달재에 이르기를 참 좋아합니다.

박달재는 충북 제원군 봉양면 원박리와 백운면 평동리 경계에 있는 작은 고개인데 보통 천등산(天燈山) 박달재라고도 합니다. 고개의 길이는 약 500m로 옛날에는 제천에서 서울에 이르는 관행길이었으며, 첩첩 산중으로 크고 작은 산봉우리의 능선이 사면을 에워싸고 있어 협곡은 험준한 계곡을 이루고 있습니다.

그 고개 마루에는 주유소와 차량이 쉬어 갈 수 있는 휴게소가 있는데 오래전부터 그 휴게소에는 언제 들러봐도 하루 종일 반야월 작사, 김교성 작곡의 '울고 넘는 박달재'라는 노래만을 계속 들려 주고 있기 때문에, 지금은 그 노래도 함께 박달재의 명물이 되고 말았습니다.

천등산 박달재를
울고 넘은 우리님아

물항아리 저고리가
궂은 비에 젖는 구려
왕거미 집을 짓는
고개마다 굽이마다
울었네 소리쳤네
이 가슴이 터지도록

이 노래를 들으며 굽이쳐 감도는 험준한 산세를 바라보고 있으면, 그 옛날 고려 고종 때(1217) 김취려(金就礪 ?~1234) 장군이, 10만의 대군을 몰고 이곳으로 침입해 온 거란(契丹)의 침략군을, 험준한 산세를 교묘히 이용해서 모두 무찔러버린 그때의 함성이 들려오는 것만 같습니다.

유서 깊은 전승지인 이곳은 아홉 굽이 돌아가는 도로도 유명하지만 그 길가에 울창하게 선 나무들로도 더욱 유명합니다.

이 고개의 이름을 박달재라고 한 것은 옛날에 이 고갯길에 박달나무의 거목들이 무척 많아서 박달나무가 많이 있는 재라고 고개 이름을 '박달재'라고 하였답니다.

그러나 박달나무가 여러 가지 용도로 쓰임이 많은 나무이므로, 도로의 개통과 더불어 모두 벌채해버려서 지금은 우람한 큰 박달나무를 구경할 수 없는 것이 유감입니다.

박달나무는 자작나뭇과에 속하는 낙엽 교목이고 공해를 싫어하며 깊은 산속에 자라는 우리나라 자생의 나무입니다. 높이 30m, 지름 약 1m에 달하는 커다란 나무이지만 용재로써 쓰임이 무척 많은 귀한 나무이므로 지금은 박달나무의 거목을 구경하기조차 어렵게 되었습니다.

수피(樹皮)는 회색이며 두꺼운 비늘처럼 갈라지고, 잎은 어긋나지만 2장씩 마주나고 뒷면에만 털과 선점(線點)이 있습니다. 측맥이 예각인 것이 이 나무의 특색이며 가장자리에 잔 톱니가 있습니다. 꽃은 5~6월에 피고 열매는 9월에 익는데 열매 이삭은 원통형이며 길이 2~3cm 정도입니다.

한국, 사할린, 중국, 몽고 등지에 분포되어 있는 이 나무는 단단한 나무의 대명사처럼 되어 있습니다. 그래서 옛날에는 박달나무로 방망이, 홍두깨 등을 만들었고 그 강하고 단단함이 쇠붙이보다 못지 않았습니다.

'박달나무 방망이로 치면 귀신도 죽는다.'라는 말이 있는데 거기에는 다음과 같은 이야기가 있습니다.

옛날 어느 평화로운 한 어촌에 커다란 이변이 생겼습니다. 바다에 나가서 그물만 드리우면 늘 많은 고기가 잡혀서, 그것을 내다 팔아 아무 걱정 없이 잘 살았는데 갑자기 어느 날부터 고기가 잡히지 않게 되었을 뿐만 아니라 그물마저 무엇엔가 찢기는 이변이 연달아 일어났습니다. 그래서 그 동네 사람들은 정성을 들여 성황당에 제단을 모으고 동제를 지내고, 액운을 물리쳐 달라고 기원을 하였습니다. 그랬더니 그날 밤, 한 노인이 제주(祭主)의 꿈에 나타나, 무쇠 100근을 녹여서 커다란 낚시를 한 개 만들고, 사람 허리통만큼이나 굵은 낚싯줄에 묶은 다음, 미끼로는 누런 큰 개 한 마리를 통째로 짚불에 그을러서 낚싯바늘에 끼어 앞 바다 깊은 곳에 던지라는 것이었습니다.

동네 사람들은 곧 그렇게 했습니다. 얼마 후 무엇인가 낚시에 걸려서 힘차게 낚싯줄을 당기기 시작했습니다. 온 동네 사람들은 모두 바닷가에 나가서 힘을 합쳐 죽기살기로 낚싯줄을 뭍으로 잡아당겼습니다. 얼마 후 낚시에는 지금까지 보지도 못한 커다란 괴물이 바닷가 모래 위로 모습을 나타내었습니다. 바로 이 괴물이 앞 바다의 고기를 모조리 잡아먹고 그물을 찢고 한 못된 놈이었습니다. 동네 장정들은 집채만큼이나 큰 괴물을 몽둥이로 막 때렸습니다. 그러나 괴물은 꾸떡도 하지 않았습니다. 그러자 한 노인이 '박달나무 몽둥이로 치면 귀신도 죽는단다.'라고 말하며 박달나무 몽둥이로 치라고 일러 주었습니다. 장정들은 즉시 박달나무 몽둥이를 갖고 와서 그 큰 괴물을 마구쳤습니다. 그랬더니 괴물이 드디어 죽고 말았습니다. 그리하여 그 어촌에는 다시 평화가 찾아왔습니다.

박달나무의 단단함을 자랑하는 옛날 이야기입니다.

19
뽕나무

누에의 먹이로 널리 가꾸어지고 있는 낙엽 활엽수인 뽕나무를 모르는 사람은 별로 없을 것으로 생각하나, 그 나무 이름을 뽕나무라고 부르게 된 것은 뽕나무 열매인 오디를 많이 따먹으면 방귀가 뽕뽕 잘 나온다고 해서 나무 이름을 '뽕나무'라고 지은 것을 아는 사람은 별로 많지 않을 것입니다.

오디 속에는 당분, 후라보노이드, 호박산 배당체, 펙토스 등의 성분이 들어 있어서 위의 소화 기능을 촉진시키고 장기능을 원활하게 하므로 오디만 먹으면 방귀가 뽕뽕 잘 나오나 봅니다.

오디는 설익었을 때는 붉은색이나 잘 익으면 검은 자줏빛이 되는데, 잘 익은 오디의 맛은 무척 달고 좋아서 어릴 때 오디만 보면 뽕나무에 올라가서 입가에 푸른 물이 들도록 따먹던 생각이 납니다. 그러나 어른들은 뽕나무 가지가 약하고 연해서 잘 찢어지기 쉬우므로 어린 개구장이들이 나무에서 떨어져 다칠까봐 '뽕나무에서 떨어져 다치면 똥물밖에 약이 없다.'하시며 늘 경고를 주셨습니다. 그래서 오디는 달지만 나무에서 떨어지면 그 더러운 똥물을 먹어야 할 일을 생각하니 너무나 끔찍해서 늘 조심했던 생각이 납니다.

뽕나무는 온대와 아열대 지방에 생육하는 식물이며 주로 북반구에 분포하고 온난 다습한 지방에 많이 자랍니다. 특히 한국, 중국, 일본에 널리 분포하고 있으며, 자라는 대로 방임하면 높이 20m 이상에 달하는 큰 나무가 되나 양잠에 편리하도록 하기 위해 자꾸 잘라서 작은 나무로 만들므로, 보통의 상식으로는 작은 나무인 것처럼 잘못 알고 있습니다.

그러나 사실 뽕나무는 참 큰 교목이며, 우리나라에서 가장 큰 뽕나무는 강원도 정선군 정선면 봉양리에 있으며 수령은 약 100년이 되며 높이는 약 25m, 밑둥치의 둘레는 무려 약 3m에 달합니다. 가장 오래된 뽕나무는 경북 상주군 은척면 두곡리에 있는데 수령 약 350년으로 추정되며 높이 약 12m, 가슴 높이의 둘레 약 3m 가량인데 조선조 인조(仁祖:1623~1649) 때 심은 것으로 추정된답니다.

양잠의 역사가 3000년이 넘는다고 하니 뽕과 얽힌 이야기도 무척이나 많습니다.

우리나라 속담에 '임도 보고 뽕도 딴다.'라는 말이 있습니다. 이 말은 한 가지 일을 하므로써 두 가지의 결과를 얻을 수 있다는 뜻, 즉 일석이조(一石二鳥)와 같은 의미로도 쓰이나 남녀의 불륜을 비유해서 쓰이는 말이기도 합니다.

남녀유별이 철칙으로 되어 있고, 여자가 문 밖 출입을 마음대로 할 수 없었던 옛날에는 남녀가 서로 만날 수 있는 절호의 기회는 주로 뽕을 따는 사이에 몰래 이루어졌던 것은 너무나 당연한 일입니다. 뽕밭에서 임을 만난 가장 오래된 기록은 《시경(詩經:B.C 1000~B.C 600)》 용풍에 있는 '桑中'이라는 시 속에서 엿볼 수 있습니다.

이 시는 모두 3장으로 되어 있는데 그 첫 장은 다음과 같습니다.

爰采唐矣	여기에 唐(풀 이름)을 뜯는다.
沬之鄕矣	沬(邑 이름)의 근처 이 마을에서
云誰之思	그 누구를 그리나?
美孟姜矣	아름다운 姜씨네 큰 딸
期我乎桑中	나와 만나고자 한 곳은 뽕밭 속이고요.
要我乎上宮	나를 맞으러 上宮(지명)까지 나와
送我乎淇之上矣	나를 淇(강 이름)까지 바래다 준다.

둘째장과 셋째장도 풀 이름과 장소 이름과 사람 이름만 다를 뿐 똑같은 말로 되어 있습니다. 고주(古註)에는 위(衛)나라 귀족의 음란함을 풍자한 것이라 했으나 주자(朱子)께서는 남녀의 밀회를 다룬 것이라고 보았습니다. 즉,

"풀을 베러 어느 마을 근처로 한 남자가 간다. 그는 풀을 베러 간 것이 아니라 아름다운 어느 여인을 생각하고 있는 것이다. 그녀는 그를 뽕나무 밭에서 만나기로 약속을 했고, 거기서 사내를 만난 그녀는 그를 상궁이라는 곳으로 데리고 가서 사랑을 나눈 다음, 기라는 냇가에까지 바래다 준다."

라는 이야기입니다.

혹자는 이 시에 나오는 뽕밭과 상궁과 기라는 강물을 성애(性愛)의 과정을 암시하고 있다고 풀이하기도 합니다. 아무튼 이 시로 인해서 남녀

사이의 불륜의 관계, 밀통, 밀약 등을 가리켜 상중지기(桑中之期)니 상중지약(桑中之約)이니 상중지회(桑中之喜)라는 고사 성어가 생겨났습니다.

뽕 따는 여인이나 뽕나무 밭에서는 많은 사랑의 사연이 만들어지는데 반드시 불륜의 관계만은 아닙니다.

옛날 노(魯)나라에 추호자(秋胡子)라는 사람이 있었습니다. 결혼한지 5일만에 집을 떠나 장안에 가서 여러 해 동안 공부를 하여 큰 재물과 벼슬을 얻어 집으로 돌아오게 되었는데, 집 가까운 마을 길가에서 뽕 따는 절세의 미녀를 만났습니다. 미녀에게 마음이 끌린 그는 많은 돈으로 미녀를 유혹했으나 그 미녀는 거들떠보지도 않았답니다. 할 수 없이 집으로 왔는데, 돌아와 보니 뽕 따던 그 미녀가 바로 자기가 결혼한지 5일만에 집에 남겨두고 간 자기의 부인이었더랍니다. 그 부인은 지조 없이 아무 여자나 닥치는 대로 탐내는 남편을 몹시 꾸짖고 그러한 남자와 더 이상 살 수 없다고 하며 물에 빠져 자살을 했다고 합니다.

역대 미인 중에 양귀비에 못지 않는 아름다운 여인 중에 진나부(秦羅婦)라는 여인이 있었습니다. 조(趙)나라 사람 왕인(王仁)의 아내가 바로 진나부였는데 진나부는 뛰어난 미인이었습니다. 어느 해 봄 진나부는 길가에 있는 뽕밭에서 뽕잎을 따고 있었는데 마침 그곳을 지나가던 조왕(趙王)이 이 아리따운 진나부의 모습을 보고 첫눈에 반해 버려 깊은 연정을 느끼게 되어 줄곧 진나부에게 자기의 사랑을 받아 줄 것을 호소했습니다. 그러나 진나부는 자기의 남편 왕인만을 생각하고 조왕의 끈질긴 유혹을 단호히 뿌리쳤던 것입니다. 그리고 자기에게는 훌륭한 남편이 있다고 하여 남편을 자랑하는 줄거리의 노래를 불렀습니다. 뽕 따는 여인의 건전한 마음씨를 나타내는 건강하고 명랑한 이 노래는 맥상상(陌上桑)이라고 하는데 지금까지도 부르는 유명한 중국의 민요입니다.

뽕나무에 얽힌 우화(偶話)도 있습니다.

옛날 어느 마을에 한 청년이 큰 거북이를 한 마리 잡았습니다. 거북이가 너무 크고 신령스러워서 그 거북이를 나라님에게 바치기로 결심을 하였습니다. 청년은 거북을 지게에다 단단히 묶은 다음 대궐을 향해 길을 떠났습니다. 날이 저물자 청년은 큰 뽕나무 밑에서 지게를 세워두고 자게 되었습니다. 그런데 잠결에 어디선가 소곤소곤 말소리가 들려옵니다. 청년은 무슨 소리인가 하고 주의 깊게 들어보니 거북이가 뽕나무를 보고 말을 하는 것이었습니다.

"뽕나무님 내 말좀 들어보시요. 이 청년이 헛수고를 한다네. 나를 솥에 넣고 100년을 고아보시오. 내가 죽는가. 내게는 그것을 물리칠 신기한 힘이 있다네."

그러자 이번에는 뽕나무가 말을 했습니다.

"여보게 거북님, 너무 큰소리치지 마시요. 뽕나무 장작으로 고아도 자네가 죽지 않는가?"

이때 청년은 '이상한 소리도 다 하는구나.' 하고 별로 관심이 없이 그 말을 들었습니다. 이튿날 날이 밝자 청년은 거북을 대궐로 갖고 가서 왕에게 바쳤더니 왕은 매우 기뻐하며 당장 삶으라고 했습니다. 그러나 3일을 삶아도 거북은 꼼짝도 않았습니다. 그때 청년은 거북과 뽕나무의 주고받던 이야기가 생각이 났습니다. 그래서 청년은 곧 그 늙은 뽕나무를 베어서 불을 때었더니 거북은 당장 죽고 말았으며 그 끓인 물로 왕은 보양을 했다고 합니다.

거북과 뽕나무는 쓸데없는 입을 놀려 둘다 죽고 말았습니다. 그래서 말을 삼가하라는 교훈으로 신상구(愼桑龜)라는 말이 생겨 났습니다.

뽕나무 장작으로는 신기한 거북까지도 잘 고을 수 있어서 그런지는 몰라도 좋은 한약을 만드는 데도 뽕나무 장작을 씁니다.

경옥고는 신령스러운 보약인데, 동의보감에 의하면 이를 장복하면 빠졌던 이빨이 새로 나고 흰머리가 다시 검어지며 무병 장수하는 영약이라고 합니다.

이 약을 만드는 데는 인삼, 생지황, 백봉연, 꿀 등의 4가지 재료를 혼합해서 사기 항아리에 넣은 다음 입구를 꼭 봉하고 물을 담은 구리 냄비 속에 넣어, 뽕나무 장작으로 3일을 고아야만 좋은 약이 된다고 합니다.

뽕나무에 관한 이야기는 서양에도 있는데, 그리스 신화의 피라모스와 티스베의 애절한 비련의 이야기는 너무나 유명합니다.

피라모스와 티스베는 담 하나를 사이에 두고 사는 처녀 총각이었습니다. 함께 자라는 사이에 어느 때부터인가 두 사람의 마음에는 서로 깊은 사랑이 싹트기 시작했습니다. 그러나 양가 부모들의 완강한 반대로 두 사람은 늘 서로 애를 태우며, 만날 기회조차 없었으나, 두 집의 담 사이에 있는 조그만한 구멍 사이로 뜨거운 사랑은 더욱 더욱 무르익어 갔습니다. 그러나 그들은 더 이상 참을 수가 없어서 집을 빠져 나가 성 밖에서 사랑을 즐기기로 약속을 하고 밀회 장소는 맑은 샘물 옆에 있는 흰 오디가 주렁주렁 달린 뽕나무 아래로 정했습니다. 밤이 되자 티스베 처녀는 어둠 속을 달려 약속한 뽕나무 밑으로 갔습니다. 주변을 살펴봐도 아직 피라모스는 보이지 않았습니다. 어스름 달빛 아래 피라모스가 오기를 기다리고 있었는데 저쪽에서 무서운 암사자가 한마리 어슬렁어슬렁 기어오는 것이 아닙니까. 깜짝 놀란 티스베는 황급히 숲속으로 도망을 쳤는데 그때 그만 숄을 흘리고 말았습니다. 사자는 이 숄을 보고 발톱으로 갈기 갈기 찢고는 어디론가 사라져 버렸습니다.

　잠시 후 피라모스가 약속 장소로 달려왔습니다. 그리고 찢겨진 티스베의 숄을 보고 놀라움과 슬픔을 금치 못하였습니다. 가련한 티스베, 내가 먼저 와서 기다릴 걸. 티스베는 사자에게 물려서 죽고 말았구나! 이렇게 생각한 피라모스는 숄을 가슴에 안고 뽕나무 밑에 가서 칼을 꺼내 자기의 가슴을 찔렀습니다. 그의 붉은 피가 튀어서 흰 오디가 온통 붉게 물들어 버렸습니다. 그리고 가엾게도 죽고 말았습니다. 얼마 후 티스베는 기운을 내어 약속한 뽕나무 아래로 왔습니다. 그런데 기다리던 피라모스가 쓰러져 있는 것을 보자 끌어 안고 몸부림을 쳤으나 이미 피라모스의 입술은 차가웠습니다. 슬픔에 잠긴 티스베도 피가 채 마르지도 않은 피라모스의 칼을 들고 가슴을 찔러서 죽고 말았습니다. 죽음은 두 사람을 더 이상 갈라놓지는 못했습니다. 완강히 반대하던 두 집의 부모들도 두 사람을 가르지 않고 함께 고이 묻어 주었습니다. 그때부터, 여태까지 희던 뽕나무 오디는 이 연인들의 일편단심인양 검붉은 빛깔이 되었다고 합니다.

　활을 만드는 재료로도 쓰이는 뽕나무는 한방에서는 상백피(桑白皮), 상근피(桑根皮)라고도 하며 가을에 캐서 속껍질만을 햇볕에 말려서 쓰는데, 해열, 진해, 이뇨 등에 효능이 있으며 기침, 기관지염, 각기, 수종, 이뇨 등에 쓰인다고 합니다.
　오늘 뽕나무 이야기를 하다보니 온갖 좋은 과실이 많아도 옛날에 따먹던 오디가 그리운 것은 오디를 따먹던 그 시절이 좋고 그립기 때문이라고 생각합니다. 꿈에 오디를 따먹는 꿈을 꾸면 오래 사는 징조랍니다. 실제로 따먹기 힘든 오디를 꿈에라도 실컷 따먹었으면 합니다.

20
사라수
(沙羅樹)

　사랑한다고 하는 것은 사랑하는 대상에게 내 영혼을 전부 쏟아 붓는 것과도 같은 것입니다.
　그러므로 사랑하는 대상이 있다는 것만으로도, 사랑을 하는 사람은 행복하고 흐뭇한 일입니다.
　사랑은 사람의 마음을 덥고 따뜻하게 합니다.
　사랑하는 사람의 마음은 늘 인자하고 관용적입니다.
　사랑을 하는 사람에게는 신비롭고 아름다운 자연의 조화가 모두 눈에 훤히 잘 보이기에 늘 긍정적이고 행복한 삶을 살 수가 있습니다.
　사랑하는 사람의 귀에는 온갖 아름다운 좋은 소리가 들리기에 마음은 늘 행복에 부풀어 있습니다.
　실로 사랑은 오묘한 힘을 가진 신비한 마술사입니다.
　그러기에 사람은 누구나 사랑을 줄줄 알고 사랑을 받을 줄 아는 자가 되어야 하겠습니다.
　사랑하는 사람은 서로가 작은 것을 얻어도 소중하게 여기며, 큰 것을 가지고도 아끼지 아니하고, 좋은 것이 있을 때 서로가 양보하고, 허물이 보일 때는 덮어 주며 살아가는 겁니다.
　어려울 때는 곁에서 힘이 되어야 하고 벅찰 때는 서로가 나눠 가지며, 용기를 잃을 때는 두손을 꼭 잡아 주어야 하는 겁니다.

20 · 사라수   105

사라수

아무리 슬픈 일이라도 사랑의 눈으로 바라보면, 슬픔 속에도 한가닥 밝은 빛이 떠오르는 겁니다.

사라수(Shorea robusta)는 슬픔을 지닌 나무입니다.

그러나 사랑을 가슴속에 넘치도록 가진 사람이라면 이 사라수도 슬프게만은 보이지 않을 것입니다.

지금부터 약 2500여 년 전 석가모니 부처님께서 80을 1기로 '구시니가라' 성 밖에 무성한 사라수 나무 밑에서 열반(죽음)에 드셨으므로, 사라수는 석가모니 부처님의 열반과 연관지어 오랜 세월 동안 슬픈 나무로 묘사되어 왔습니다.

그때 그 숲에서, 석존을 두 그루의 사라수 나무(雙樹)가 에워싸듯 바람과 이슬을 막으며 보호해 드렸기에, '구시니가라' 성 밖에 있는 그 사라수 숲은 지금까지도 사라쌍수림(沙羅雙樹林)이라고 부르며 중요한 불교 유적지로 되어 있습니다.

그때 석존을 에워싼 쌍수는, 한 쌍만이 아니고 동서남북, 사방에 쌍수가 있어서 모두 8그루의 사라수였다고 합니다.

그리고 그 8그루의 사라수 가운데, 석존이 입멸(죽음)하시자 4그루의 사라수는 말라 죽어버리고, 나머지 4그루의 사라수만 무성하게 살아 남았으므로 이 沙羅雙樹(사라쌍수)를 四枯四榮樹(사고사영수)라고도 합니다.

우리나라 전통 장례식 때, 흰 종이로 만든 꽃을 관 네 모서리 또는 관 앞에 장식으로 다는 것을 사라화(沙羅華)라고 하는데, 이 사라화는 석존이 열반하실 때 사방에 서 있었던 사라수 나무를 의미한다고 합니다.

사라수는 용뇌향과에 속하는 상록 교목이며 히말라야 산기슭과 인도 중서부에 걸쳐 자생하며 높이 30m에 달하는 커다란 나무입니다.

인도의 중요한 산림 식물의 하나인 이 나무를 그 지방에서는 신성한 나무로 여기고 있으며 많은 사랑을 주고 있습니다.

'사라(Sala)'라는 말은 산스크리트어에서 나온 말인데 단단한 나무라는 뜻입니다.

말로만 듣던 사라수를 시드니 교외에 있는 식물원에서 처음 봤을 때 쌍으로 자라는 쌍수가 아니어서 조금 아쉬움이 있었습니다.

잎은 어긋나고 난상타원형이며 가장자리에 톱니가 없고 끝이 뾰족한 편이었습니다.
 원산지에서는, 원추화서에 달리는 꽃이 3월에 피고 5개의 꽃잎은 밑부분이 서로 붙어서 원통 모양을 이루고 있으며, 1개의 암술과 많은 수술이 있는 연한 황색의 꽃입니다.
 목재는 단단해서 건축재, 가구재 등 여러 가지 용도에 쓰이며, 열매는 식용으로 하고, 수피에 상처를 내어 얻는 수지(樹脂)는 래커와 리놀륨을 만드는 원료가 됩니다.
 사라수는 그 나무 이름만 들어도, 우리들을 그 나무 밑에 불러들여, 깊은 사유의 늪으로 빠져들게 합니다.
 나는 누구인가? 그리고 나는 어디로 가는가?
 이것은 우리가 늘 이상의 생활을 하면서도 문뜩문뜩 생각해 보는 본질적인 질문일지도 모릅니다.
 아침에 떠오르는 찬란한 밝은 태양을 온통 가슴에 껴안으며 젊음을 불사르다가도 어느 순간 문득 자신을 돌아다보며 이와 같은 질문을 자신에게 던져보게 되는 것입니다.
 그것은 누가 시켜서가 아니라 스스로의 마음에서 일어나는 자연발생적인 것이며 그 대답도 또한 스스로 만족할 만한 것을 자신의 힘으로 찾아야 하는 것입니다.
 사라수 나무 밑은 바로 그러한 곳일지도 모릅니다.
 석가모니 부처님이 열반하신 그 나무 밑이 어떤 다른 부처님에게는 깊고 깊은 명상 끝에, 스스로 모든 것을 깨달은 개오(開悟)의 뜻 깊은 장소이기도 합니다.
 사람들의 평균 수명이 6만 세나 되었다던 31겁(劫)년 전인 과거 세상에, 무유성(無喩城)에서 태어나신 비사부불(毘舍浮佛~과거 7불 중 3째 부처님)은 사라수 나무 밑에서 도(道)를 이루어서 부처가 되시고 모두 2회에 걸친 설법으로 13만 명의 사람들을 제도하셨다고 합니다.
 한 그루 사라수 나무를 내 마음속에 심어 그 나무 그늘 아래서, 내가 누구이며 어디로 가는가를 바로 알았으면 하는 바램입니다.

김천에 있는 황악산 직지사(黃岳山 直指寺) 청풍료(淸風寮)에 적혀 있는 글이 생각납니다.

圓覺山中生一樹　　원각산 속에 나무 한 그루 있어
開花天地未分前　　천지 창조 이전에 꽃이 피었다네
非靑非白亦非黑　　그 꽃은 푸르지도 희지도 검지도 않으며
不在春風不在天　　봄바람도 하늘도 관여할 수 없다네.
(圓覺~부처님의 원만한 깨달음.
일체 중생의 마음속에 있는 깨달음의 진심)

조금 어려운 내용이지만 깊이 생각하고 음미할 만한 글이기에, 마음속에 심은 사라수 밑에서 한 번 그 뜻을 생각해 보시기 바랍니다.

21
사시나무

나는 사시나무 그늘에서 꿈을 키우면서 살아왔습니다.

청운의 꿈을 안고 입학한 연희대학교(지금의 연세대학교)에는 교문에서 강의실까지 약 1km가 넘는 길이 있었는데, 그 길가 양쪽에 울창한 사시나무 가로수로 꽉 들어차 있어서 등하교길 학생들에게 시원한 그늘을 만들어 주었습니다. 수천 수만 개나 되는 잎들은 젊은이들의 부풀은 마음인양 미풍(微風)만 불어도 크게 나부끼며 속삭이듯 노래를 불러 주었습니다.

그늘이 두텁고 풀냄새 싱그러운 그 길을 걸어가면서 나는 친구도 생각하였고 학문도 생각하였고 사랑도 싹틔웠습니다.

생각할수록 그립고 정겨운 길이며 영원히 내 마음속에 남아 있는 잊지 못할 길이고, 길이 지워지지 않는 추억의 길입니다.

사시나무 잎은 잠시도 가만이 있는 법이 없다고, 옛말에 '사시나무 떨듯 떨고 있다.'라는 말이 있습니다. 학창시절의 우리들은 아무도 사시나무가 떨고 있다고는 생각하지 않았습니다.

떤다는 것은 추워서 떨든, 무서워서 떨든 모두 긍정적인 뜻이 아니기 때문입니다.

젊음과 희망이 넘쳐흐르던 우리들에게는, 다른 나뭇잎이 움직이지 않는 상태에서도 팔랑팔랑 잘도 움직이는 사시나무 잎은 마치 춤을 추는 것 같이 보였고, 사각사각 잎들이 부딪치는 소리는 다정한 속삭임으로 들려 왔습니다.

그때 그 길을 연대에서는 백양로(白楊路)라고 불렀는데 사시나무의 한자 이름이 백양(白楊)이기 때문입니다.

수많은 다른 나무들을 제쳐놓고, 하필이면 왜 사시나무를 가로수로 심었는지 그 이유는 잘 알 수가 없습니다.

그러나 사시나무는 격조가 높은 나무이며 기풍이 있는 나무라서 가로수로 심은 것이 아닌가 생각합니다.

커다란 가지에 붙어 있는 수많은 나뭇잎들은 뜨거운 태양의 열기를 남김없이 흡수해서 힘을 기르고, 정열과 감수성이 높아서 작은 바람에도 예리하게 감응하며, 쉬지 않고 항상 합창하는 명랑한 마음을 지녔기에 다른 나무를 물리치고 대학의 관문에 자리잡게 된 것인지도 모릅니다.
　사시나무는 어릴 때부터 자라남이 빠릅니다.
　그리고 높이 넓게 퍼져 나갑니다.
　그러므로 학생들의 학문도 빨리 이루어져서 하늘만큼이나 높게 바다만큼이나 넓게 퍼지라는 뜻으로 백양나무를 가로수로 심었는지 모릅니다.
　교정을 떠난 이래 오랫동안 모교를 방문할 기회가 없다가 88올림픽이 열렸던 해, 오랫만에 모교를 찾아가 봤더니 넓은 교정에는 초현대식 건물들이 즐비하게 들어섰고 잘 포장된 넓은 도로가 교문에서부터 시원스럽게 뚫려, 많은 차량들이 왕래하며 옛날과는 비교도 안 될 정도로 많이 발전하였으나 정들고 유서 깊은 백양로는 자취도 없이 사라져 버렸으며, 뻐꾹새 소리 들리던 울창한 숲과 사랑하던 백양나무는 아무데도 보이지 않았습니다.
　그리하여 마치 잘못 찾아온 듯한 착각마저 들었으며 지금까지 고이 간직하던 백양로의 꿈이 산산이 깨어져버려, 괜히 찾아왔다 하는 생각마저 들었습니다.
　사시나무를, 나뭇잎이 팔랑팔랑 잘 움직인다고 촌에서는 '팔랑버들'이라고도 하고 또는 '파드득나무'라고도 하는데, 이 나무는 옛날부터 우리나라 전역에 퍼져 있는 가장 우리와 친숙한 나무입니다.
　비교적 서늘한 기후를 좋아하므로 따뜻한 남부 지방보다 표고 100~1900m에 이르는 북부 산간에 많고, 산불이 나서 다른 나무가 모두 타 죽은 곳, 식생이 파괴된 곳, 또는 개방지(開放地) 등에 군집을 이루어서 살기를 좋아합니다.
　나무껍질은 투명한 듯한 얇은 겉껍질이 부드러운 윤기를 내며 태양에 반짝이는데 만져 보고 싶을 정도로 따스함을 느낍니다.
　목재는 곱고 조밀하며 끈적끈적한 수액이 없고 역겨운 냄새가 나지 않아서 나무젓가락, 나무도시락, 성냥개비, 이쑤시개 등을 만드는 데 많이 쓰이고 나무가 가벼워서 낫자루, 호미자루 등 농기구와 기타 가구 제작 등에도 쓰입니다.
　재질이 물러서 건축용으로는 잘 쓰이지 않으나 현판, 목공예 등에는 많

사시나무

이 이용됩니다.

  포플러나무와 여러 가지로 많이 닮은 성질의 나무입니다만, 포플러나무는 꺾꽂이를 하면 뿌리가 잘 내리는데 반해서 사시나무는 아무리 공들여 꺾꽂이를 해도 뿌리가 내리지 않는 매우 도도한 나무입니다.

  그러기에 품위 있고 격조 높은 나무라고 일컬어지는지도 모릅니다.

  이른봄이면 사시나무는 솜털에 싸인 많은 나무 열매를 바람에 날려보내는 데, 그 작은 열매가 습기 있는 땅에 떨어지면 발아해서 높이 15m, 지름 30m가 넘는 큰 나무로 자라나게 되는 것입니다.

  정말 생명의 힘은 위대하고 경이롭습니다.

  채송화 씨앗보다 더 작은 그 가냘픈 알맹이 속에, 그 알맹이의 수억 배나 되는 큰 나무를 싹틔워 키울 수 있는 신비로운 조화는 오로지 불가사의한 생명의 힘에 의한 것입니다.

  이른봄에 수양버들, 떡버들, 포플러나무, 사시나무 등의 꽃가루가 한창 날아올 때면 마치 때 아닌 눈이 내리는 듯 온 천지가 뿌연데, 그 꽃가루가 눈에 들어가면 눈을 해치고 코에 들어가면 기관지를 해치며 알레르기를 일으킨다고 하여 환경 공해상 큰 문제가 되고 있습니다.

그래서 요사이는 그들 나무들을 가로수로 심기를 매우 꺼리는 나무로 손꼽히게 되었습니다.

바람이 불면 움직이지 않는 나뭇잎은 없으나, 사시나무 잎은 특별해서 아무리 작은 산들바람에도 잘 움직이는데 그것은 그 잎의 독특한 생김새 때문입니다.

커다란 부채 모양의 잎은 바람을 무척이나 잘 받는 형태로 생겼고, 또 그 잎에 붙어 있는 가늘고 기다란 잎자루는 탄력이 많아서 조그만한 지동에도 예리하게 움직일 수 있는 구조를 갖추고 있기 때문입니다.

다른 많은 나무와 같이 사시나무도 약으로 잘 쓰는데, 쓰이는 부위는 껍질입니다.

초여름 물이 많이 올랐을 때 채취해서 썩지 않도록 햇볕에 잘 말려서 쓰는데 이뇨, 거풍에 효능이 있으며 멍 등 피를 풀어주는 작용도 합니다.

그래서 풍과 습진으로 인한 팔다리의 마비와 통증, 신경통, 설사, 대하증 등에 쓰입니다.

보통 말린 약재를 1회에 10~15 g 정도 적당한 양의 물에 잘 달여서 복용합니다.

그러나 경우에 따라서는 약재를 약 10배 되는 소주에 담갔다가 3~4개월 후에 하루 3번 정도 조금씩 마시는 경우도 있습니다.

22
산초나무

　내가 산을 좋아하는 것은 할아버지, 할머니의 영향을 많이 받은 것으로 생각됩니다. 모든 필요한 생필품을 산이나 들에서 얻은 그 시절에, 겨울이면 할아버지를 따라 산에 가서 나무도 하고, 봄이면 약쑥도 베어 오고, 가을이면 할머니를 따라 도토리도 줍고, 산초 열매도 따고 싸리나무도 베어 왔습니다.
　삼베 보자기에 싸온 점심밥을 먹으며 이것은 무슨 나무이고, 저것은 무슨 나무이고……, 하면서 자연 공부를 현장에서 실물을 앞에 두고 잘 한 셈입니다.
　산초나무가 어떻게 생겼고, 산초 열매는 어디에 쓰인다 하는 것도 그때 할머니에게 처음 배웠습니다.
　그래서 내게는 산이 신나는 놀이터요, 자연을 배우는 학습의 도장이요, 할머니를 돕는 작은 일터이기도 하였습니다.
　지금도 산을 좋아하기는 역시 변함이 없습니다.
　슬프거나 외로울 때, 숲이 우거진 산길이나 언덕길을 조용히 걸으면 한량없는 마음의 위안을 받을 수가 있습니다. 깊은 산속을 소요하면 한결 마음이 가라앉고, 솔바람 소리와 이름 모르는 새들의 지저귐을 들으면, 벌써 마음은 모든 시름을 잊습니다. 자연은 할머니 품안과 같아서 우리 인생의 고민과 번민을 풀어주는 위대한 힘을 갖고 있나 봅니다.

하늘을 찌를 듯한 높은 산을 보십시오.

그것은 분명 하늘과 땅 사이에 있으면서, 하늘과 땅 두 세계를 모두 영위하고 있는 듯 의연합니다. 그 위대한 모습은 사소한 세속의 일들 따위는 모두 삼켜버리고도 아무런 동요도 없습니다.

깊은 산골의 정적 속에는 우리의 불안한 심성을 안정시켜주는 숭고한 고요가 넘쳐흐릅니다. 모든 잡음을 삼킨 태고의 고요 속에는 영혼을 살찌우고 건강하게 하는 그 무엇이 흐르고 있습니다. 그 속에는 자연을 초월한 어떤 초자연적인 엄숙한 힘이 흐르고 있습니다.

우리는 이러한 산의 신비로운 힘을 기(氣)니 정(精)이니 하는 이름으로 부르고 있습니다. 옛부터 수많은 도인들이 도통하기 위해서 명산을 찾는 것도 산의 이러한 힘을 영합하려고 입산 수도를 하는 겁니다.

이씨 조선의 이태조께서도 거사를 앞두고 산의 정기와 산신령의 도움을 받으려고, 먼저 가까운 명산인 계룡산에 들어가서 백일 기도를 드리고 자기를 왕이 되게 도와 달라고 청을 하였답니다. 그랬더니 계룡산 산신령께서는 대단히 유감스런 일이지만, 계룡산은 정씨 도읍지라서 정씨를 도와야지 이씨를 도울 수 없어서 미안하다고 하더라는 겁니다. 그래서 이성계는 할 수 없이 이번에는 지리산을 찾아가서 또 백일 기도를 드리고 같은 뜻을 부탁드리니 지리산 산신령께서는, 당신은 왕의 자질이 없으니 도울 수가 없다고 거절을 했다는 겁니다. 분하고 속이 상했으나 이에 좌절하지 않고 이성계는 다시 더 남하하여 남해도 금산에 가서 또 백일 기도를 하고 소원을 말했더니, 금산 산신령께서는 쾌히 승낙하고, 왕이 되게 적극 도와주겠다고 하였답니다. 그후 과연 금산의 정기를 받고 왕이 된 이성계께서는 자기를 도와준 금산이 너무 고마워서 산 전체에 비단을 덮어 주고 싶다는 뜻으로 산이름을 비단 금자 금산(錦山)이라고 부르게 하였고, 자기를 박대한 지리산이 미워서, 지리산은 전라도로 귀양을 보냈다고 합니다. 지도를 펴놓고 보면 지리산의 최고봉인 천왕봉은 분명히 경상남도에 있는데도 '전라도 지리산'이라고 하는 데는 이와 같은 연유가 있다고 합니다.

태산반석이라고 하였습니다. 감히 누구도 산을 움직일 수 없고 산 앞에서 경건하지 않을 수 없습니다.

그런데 마호메트가 어느 날 산을 꾸짖어 다른 곳으로 옮기게 한다는 말을 하자 그 소문은 곧 넓게 퍼졌습니다. 많은 사람들은 산이 쫓겨가는 신기한 광경을 구경하려고 사방에서 구름처럼 모여 들었습니다. 약속된 시간이 되어 마호메트가 엄숙한 표정으로 관중 앞에 모습을 드러내자 관중들은 모두 숨을 죽이고 마호메트만을 보고 있었습니다. 마호메트는 준엄한 음성으로 산을 향해서 큰 소리로 호령을 했습니다.

'산아, 냉큼 저리로 옮겨 가거라!'

그러나 산은 꼼짝도 하지 않습니다. 마호메트는 다시 한 번 더 큰 소리로 호령을 했습니다. 그래도 산은 여전히 꼼짝도 하지 않았습니다. 그러자 구경꾼들은 수군수군 소란스러워지기 시작했습니다.

그러자 마호메트는 태연하게 아무일도 없었다는 듯이

"아무리 말을 해도 이 산이 꼼짝도 않으니, 옮겨 갈 줄 아는 내가 옮겨 가면 매한가지지……."

하면서 산과 사람들 사이를 걸어서 나갔다는 이야기가 있습니다.

산의 웅위하고 너그러운 품에 안겨 산이 주는 혜택으로 살아온 우리 조상들은 산을 배척하거나 산을 깔보거나 하지 않았습니다. 산의 품속에 안겨 산을 의지하고 숭배하고 우러러보며 살아왔습니다. 산이나 강 등 대자연 앞에서, 우리 인간들은 너무나 무력하고 작은 존재라는 것을 잘 알기에 그림을 그릴 때도 산수화 속에 나오는 사람의 형상은 언제나 작은 점만큼이나 조그맣게 그려 왔습니다.

지금 이 9월, 산에는 도토리와 산초 열매가 한참 익을 계절인데 돌아오는 일요일에는, 옛날 할머니와 함께 가던 그 산에 산초 열매 따러 가볼까 생각합니다.

표고 1000m 이하인 비교적 낮은 야산에 자생하는 이 나무는, 낙엽 관목으로 수고 3m 정도인 작은 나무이고 만주, 일본, 중국 등에도 분포하고 있습니다. 추위에 견디는 힘은 강하나 음지를 싫어하고 맹아력도 보통은 됩니다. 줄기에 가시가 엇갈려 나 있어서, 열매를 따다가 가시에 찔리는 일이 많습니다. 잎은 기수일회우상복엽(奇數一回羽狀複葉)이며 길이 1.5~5.0cm로 가장자리에 잔톱니가 있습니다. 작은 잎은 13~21개 있고

22 • 산초나무   117

산초나무

잎에서 산초 특유의 향기가 납니다. 6월에 황록색 꽃이 피고 열매는 길이 4mm 정도이며, 처음에는 녹갈색인데 익으면 검은색의 광택이 있는 작은 열매가 되고, 한 꼬투리에 50개 정도로 많이 달려 있습니다. 너무 익었을 때 따면 손을 대자마자 전부 으스러져 버리므로 종자 집이 벌어지기 전에 따와서 말려야 합니다.

열매로 짠 산초 기름은 식용, 조미료, 약용으로 쓰며, 지금처럼 좋은 약이 없었던 옛날에는 기침이 심하면 산초 기름을 한 수저 그냥 먹거나 혹은 배의 속을 도려내고 거기다가 산초 기름을 한 수저 부어 하룻밤을 재우고 나서 먹고 땀을 내면 기침이 잘 낫습니다. 그래서 우리 할머니는 늘 비상용으로 산초 기름을 비치하여 가족의 약으로 써왔습니다.

한방에서는 산초 열매의 껍질을 약재로 쓰는데 건위, 정장(整腸), 구충, 해독 등에 효능이 있어서, 소화 불량, 식체, 위하수, 위확장, 구토, 이질, 설사, 기침, 회충 구제 등 광범하게 쓰입니다.

뿐만 아니라 열매를 잘게 썰어 후추 대신에 조미료로 쓰기도 하며, 씨에서 짜낸 기름으로는 전을 부치거나 나물을 무치는 데 식용으로 썼습니다.

물레와 씨아의 윤활유로도 산초 기름을 당할 만한 것이 없다고 합니다. 씨아란 목화의 씨를 빼는 기구이며 토막나무 두 개의 기둥을 박고 그 사이에 둥근 나무 두 개를 끼어 손잡이를 돌리면 톱니처럼 마주 돌아가면서 목화의 씨가 빠지게 되어 있는 기구인데, 나무로 된 톱니부분의 윤활유가 마르면 요란한 마찰음이 납니다. 물레는 목화로 실을 뽑아내는 기구입니다.

농촌에서는 주택 주변에 심어 놓으면 산초 냄새 때문에 모기가 모여들지 않는다고 하여 산초나무를 집 가에 심는 지방도 있습니다.

23
수국

어느 해였던가
선인(仙人)의 제단 위에
심어졌던 이 꽃이
이 절로 옮겨 온 것은…….
비록 이 꽃이
인간 세상에 있다고는 하나
사람들이 이름을 모르니
그대와 함께 자양화(紫陽花)라 이름짓노라

위의 시는 당나라의 유명한 시인 백락천(白樂天)이 젊었을 때 지은 시입니다. 백락천이 어느 날 자기가 원으로 봉직하는 고을에 있는 초현사(招賢寺)를 갔더니, 그 절의 주지 스님이 뜰에 핀 아름다운 꽃을 가리키며 그 꽃의 이름을 알려 달라고 하였습니다. 그는 유심히 그 꽃을 바라 봤으나 그도 역시 그 꽃을 처음 보는지라 이름을 알 수가 없었습니다. 그러나 보랏빛 아름다운 그 꽃이 마치 신선의 나라에서 온 꽃 같아서 위의 시를 짓고 꽃 이름을 자양화라고 하였다 합니다. 즉 그 꽃이 바로 수국(水菊)이었습니다.

이태백, 두보와 함께 당나라의 3대 시성(詩聖)이라고 불리는 백락천의 이름은 백거이(白居易 : 772~846)이고 자가 낙천(樂天)입니다. 자(字)를 낙천(樂天)이라고 한 것은 낙천지명(樂天知命 : 천명을 즐기라는 뜻)하는 경지를 그리워했고 또 그렇게 살고자 했기 때문에 그는 스스로 자를 낙천(樂天)이라고 했습니다.

44세 때 강주에서 지었다는 자회시(自誨詩)를 보면 그의 마음을 충분히 잘 알 수 있습니다.

낙천아 낙천아 오너라
내 너에게 이르노니
낙천아 낙천아 참 불쌍하구나
이제부터는 배고프면 먹고
목마르면 마시고
낮에는 일어나고 밤에는 잠자라!
함부로 기뻐하지도 말고 또 걱정도 말라
병들면 눕고 죽으면 쉬도록 하라
그렇게 하는 경지가 바로 너의 집이고 본 고장이니라
왜 그것을 버리고 불안한 세상을 택하고자 하느냐?
들뜨고 불안한 속에서 어찌 편안히 살고자 하느냐!
낙천아 낙천아 본고장으로 돌아오너라

樂天樂天 來與汝言
樂天樂天 可不大哀
而今而後 汝宜飢而食 渴而飮
晝而興 夜而寢無浪喜 無忘憂
病卽臥 死卽休
此中是汝家 此中是汝鄕
汝何捨此而去 自取其遑遑
遑遑兮慾安住哉
樂天樂天歸去來

수국

75세로 일생을 마칠 때까지 3840수라는 방대한 시를 남긴 백락천(白樂天)은 시(詩)는 인간의 성(性), 정(情)을 순수하게 솔직하게 나타내는 것이기에 그 표현에 있어서는 어디까지나 아름답고 리드미컬한 언어에 의지해야 한다고 하였습니다.

수국은 꽃 색이 여러 가지로 변하는 것으로 유명합니다. 처음 필 때 흰색이던 것이 분홍으로 변했는가 하면, 어느새 보라 혹은 붉은빛으로 변해버리고, 그리고 나중에는 아주 진한 파란색으로 되어버리는 것도 있습니다. 이와 같이 꽃 색이 변하는 원인은 토양 산도(酸度)에 따른 것으로써 산성 땅에서는 파란색으로 변하고, 알칼리성 땅에서는 진한 붉은빛으로 변해버립니다.

그래서 수국의 꽃말도 '변하기 쉬운 마음' 또는 '처녀의 꿈'으로 되어 있고, 때로는 절개 없는 여인에게도 비유합니다.

똑같은 여자의 마음이라도 절개 없는 여자의 변심은 밉지만, 처녀의 꿈이 여러 가지로 변하는 것은 귀엽고 사랑스럽기만 합니다.

범의귓과에 속하는 낙엽 활엽수인 수국은 꽃을 즐기기 위해서 많이 심고 있으며 제주도 등 따뜻한 지방에서는 노지에서 높이 2~4m까지도 자랄 수 있으나 추위에 약하므로 서울 지방에서는 노지 재배가 불가능하고 온실 안에서나 분에서 키울 수밖에 없습니다.

꽃도 좋지만 타원형인 잎도 광택이 있고 가장자리에 톱니가 많으며 두껍고 커서 보기가 참 좋으며, 여름의 무더위를 식혀주듯 시원해 보입니다. 줄기 끝에서는 지름 15cm 정도 되는 공 모양의 많은 꽃이 피어 장관을 이루는데, 꽃은 무성화(無性花)이며 우리 눈에 꽃잎처럼 보이는 것들은 사실은 꽃잎이 아니고 꽃받침들이며, 이 꽃받침들이 여러 가지 색으로 변하는 것입니다. 진짜 꽃은 작고 보잘 것 없으며 열매도 열리지 않습니다.

그러므로 수국을 석녀(石女)에 비유하는 사람도 있습니다.

비옥한 그늘진 곳을 좋아하고 습기가 많은 곳에서도 잘 자라며 병충해에 대한 저항력이 아주 강해서 기르기가 쉽습니다.

번식 방법은 7월 중순이나 하순에 잎이 달린 녹지(綠枝)를 꺾꽂이하거나 이른봄 휴면지(休眠枝)로 꺾꽂이하면 뿌리가 잘 내립니다.

꽃 색이 변하는 것만큼 수국은 별명도 많은데 분단화(粉團花), 수구화(繡毬花), 자양화(紫陽花), 팔선화(八仙花) 등으로도 불립니다.

수국에는 강심(強心) 효능과 학질을 다스리는 약 성분이 함유되어 있습니다. 그래서 뿌리와 잎, 꽃 등을 봄부터 가을 사이에 어느 때든지 채취하여 햇볕에 말려 두었다가 학질과 가슴이 두근거리는 증세, 가슴이 울렁거리는 증세, 해열 등에 쓰입니다.

일본에서는 오래 전부터 수국차(水菊茶)라는 것을 써왔는데, 이는 우리나라에서 자라는 산수국과 비슷한 범의귓과 식물의 잎에서 제조한 차입니다. 수국차 잎에는 단맛이 있는데 이 단맛을 이용하기 위해서 농가에서 재배를 합니다. 여름철 잎을 삶아서 초록빛을 제거한 다음, 잘 말렸다가 차로 사용하는데 특히 음력 4월 8일 석가탄신일에 이 차를 석가상에 붓는 풍습이 있습니다. 이것은 인도에서 부처님이 탄생했을 때 용왕이 단비를 내려 아기부처님의 몸을 깨끗이 씻어드렸다는 전설에서 유래하는 것입니다. 우리나라와 중국과 일본에서도 옛날에는 향탕을 사용했는데 근래의 일본에서는 수국차로 바뀌었다고 합니다.

수국차는 그외에도 간장의 향료, 당뇨병 환자의 음료 또는 구충제로도 사용되고 있습니다.

꽃을 처음 기르는 초보자라도 별 탈없이 잘 기를 수 있는 수국을 이 기회에 한 번 길러 보시고 여러 가지로 변하는, 자연의 조화를 감상하시기 권하는 바입니다.

24
싸리나무

24 · 싸리나무

싸리나무는 우리 주변에서 아주 가까운 곳에 있는 흔한 나무이고, 가까이에 있는 만큼 우리의 생활과 너무나 깊은 관계가 있는 나무입니다.

우리나라 어디에라도 자생하는 이 나무는 콩과에 속하는 낙엽 관목이며 산에 흔히 자라고, 가지를 쳐서 더부룩하게 자라오르게 하면 많은 잔가지가 나며 높이 약 2m 내외로 자라고, 잔가지에는 줄무늬가 생기며 수피는 어두운 갈색을 띱니다. 잎은 어긋나게 자라며 계란꼴을 지닌 귀여운 3매의 잎 조각으로 구성되었으며 잎 조각의 길이는 약 3cm 안팎이고 끝이 둥글거나 약간 패어 있으며 잎맥의 연장인 짧은 침상돌기를 가지고 있고 잎 가장자리에는 톱니가 없으며 밋밋합니다. 꽃은 8~9월에 피고 잔가지의 끝이나 그에 가까운 잎겨드랑이에서 자라난 4~8cm 길이의 꽃대에서 여러 송이의 꽃이 이삭 모양으로 모여서 피어나고 꽃색은 홍자색이고 생김새는 나비꼴로 지름 6mm 안팎이고 꽃이 지고 나면 타원형의 씨를 많이 맺게 됩니다.

싸리가 과거 우리 생활에 이용된 비중은 너무나 커서 일일이 그 예를 다 들기 어려울 정도입니다. 싸리를 베어 집의 울타리와 사립문을 만들어서 짐승들의 침입을 막고 바람을 막았을 뿐만 아니라 집을 지을 때도, 벽의 골격을 싸리로 만들고 그 위에 흙을 발라 맞벽 집을 완성했고, 싸리를 쪼개어서 다래끼, 소쿠리, 발, 고리, 바소쿠리 등 여러 가지 생활 필수품을 만들어서 편리한 생활의 도구로 써왔습니다. 뿐만 아니라 고기를 잡을 때도 통살이라고 해서 지금의 어항 모양으로 만든 발을 이용해서 고기를 잡았습니다. 최근까지도 싸리비는 없어서는 안 될 청소 용구였으나 지금은 나일론 빗자루에게 밀려난 실정입니다.

겨울에는 땔감으로 이용되었고, 우리 고유 민속 놀이인 윷놀이의 윷짝도 싸리나무로 만들었습니다.

척사(擲柶) 또는 사희(柶戲)라고도 하는 윷놀이는 이미 삼국시대 이전부터 전해 오는 한국 고유의 민속놀이로, 부여족 시대에 다섯 가지 가축을 다섯 부락에 나누어 주어 그 가축들을 경쟁적으로 번식시킬 목적에서 비롯된 놀이라고도 하며, '도'는 돼지, '개'는 개, '걸'은 양, '윷'은 소, '모'는 말에 비유한다고 합니다.

혹은 다른 설에 의하면 윷판으로 천부경(天符經~우리 민족 고유의 성전, 유불선 3교의 모체가 되는 경전이라고 함) 원본의 원리를 정착시켜 일반에게 널리 유포하기 위해서 고안한 놀이라고도 합니다. 윷짝이 엎어진 것은 양(陽)을, 젖혀진 것은 음(陰)을 나타내고 사목(四木 : 네짝)은 사신(四神:東靑龍, 西白虎, 南朱雀, 北玄武)을 상징하고, 윷판의 가운데 중심점(방)은 북극성을, 나머지 28개의 점은 28숙(宿)을 의미한다고 합니다.

뿐만 아니라 싸리 회초리는 태만하고 불성실한 자녀들을 훈계하는 매로도 이용해 왔으며 '미운 놈은 떡 하나 더 주고, 귀여운 자식은 매하나 더 주라.'하는 말과 함께 후세 교육에도 큰 몫을 해왔습니다.

싸리 회초리에 관한 교훈에는 다음과 같은 이야기가 있습니다.

숙종 임금 때 암행어사로서 많은 일화를 남긴 유명한 박문수(1691~1756) 어사가 젊었을 때였습니다. 영남 어사의 임무를 띠고 방방곡곡을 누비며 민생을 살피고 탐관오리를 숙청하는 등 바쁜 임무를 수행하느라 고을마다 마을마다 길이 있고 동네가 있는 곳은 모두 찾아 다니며 민생을 살폈습니다.

그러던중 한번은 경상도 어느 산골 마을을 돌아보고, 다음 목적지를 향해서 길을 떠났는데, 길을 잘못 들었는지 아무리 걸어도 첩첩이 산만이 앞을 가로막아 도무지 인가가 나오지 않았습니다. 조바심이 난 박 어사는 더욱 걸음을 재촉하였으나 갈수록 산속으로 깊이깊이 들어가는 것만 같았습니다.

드디어 해가 지고 사방이 어두워지며 을씨년스러운 바람이 불어오고 어디선가 짐승들 우는 소리마저 들려왔습니다. 박 어사는 겁이 났습니다. 이러다가는 짐승들 밥이 되어 귀신도 모르게 죽는 게 아닌가 하고 걱정을 했습니다. 그런데 그때였습니다. 정신을 가다듬고 저 멀리를 보니 산 한 모퉁이에 불빛이 보였습니다. 박 어사는 무척 기뻤습니다. 틀림없이 불이 있는 곳에 인가가 있을 것으로 생각하고 불을 목표로 하고 불이 반짝이는 곳을 향해서 부지런히 걸었습니다.

얼마 후 불이 비치는 곳에 당도해 보니 과연 조그마한 초가집 한 채가 있었습니다. 박 어사는 문을 두드렸습니다. 그리고 산중에서 길을 잃은 나그네인데 하룻밤 자고 갈 것을 간청했습니다. 그러자 그 집 방안에서 한 여인이 나와서 하는 말이, 지금 이 집에는 남편이 출타중이어서 자기 혼자만이 있는데, 외간 남자를 재울 수 없으니 딴 곳으로 가보라고 거절을 했습니다.

박 어사는 이 외진 곳에서 다른 곳으로 가라는 것은 죽으라는 것과 같으니 제발 아무데서라도 재워 달라고 애원 애원하였습니다. 한참 망설이던 여인은 그러면 방으로 들어오라고 하였습니다. 그리고 부엌에 나가더니 저녁밥을 차려 왔습니다. 배가 고픈 박 어사는 마파람에 게눈 감추듯 먹어치웠습니다.

상을 물리자 여인은, 자기 집에는 잠 잘 곳은 오직 그 방 한 칸뿐이어서 도저히 재워 줄 수 없지만 사정이 딱해서 재워 주는 것이니 박 어사는 윗목에서 자고 여인은 아랫목에서 자는데 절대로 선비의 도리를 지켜서 딴마음 먹어서는 안 된다는 이야기를 하였습니다. 그렇게 말하는 여인의 얼굴을 보았더니 하늘에서 내려온 선녀에 비할까, 인간 세상에는 이렇게 아리땁고 예쁜 여자는 없을 정도로 곱고 어여쁜 미인이었습니다. 말을 마치자 여인은 치마로 방 한가운데를 휘장처럼 경계를 삼고 밤이 늦었으니 자라는 것이었습니다. 박 어사는 너무나 예쁜 그 여자의 자태에 반해서 잠이 오지를 않았습니다. 집을 떠난지도 벌써 수십 개월이 넘었으며 부인과 잠자리를 같이 한지도 너무나 오래인데, 오늘 이렇게 젊고 어여쁜 여인과 딴 사람이라고는 아무도 없는 외진 산골에서 단둘이 한방에서 자게 되니 박 어사의 마음속에는 욕정이 막 끓어올랐습니다.

그래서 박 어사는 잠결에 돌아눕는 척하면서 다리를 그 여인의 다리 위에 올려 놓아 봤습니다. 그랬더니 그 여인은 아무 말없이 어사가 잠을 깨지 않도록 조심해가며 다리를 살짝 내려놓았습니다. 한참 후에 박 어사는 다시 다리를 잠꼬대인 척하면서 다시 얹었습니다. 그랬더니 그 여인은
"먼길을 오느라 손님이 무척 고단한 모양인지 잠버릇이 나쁘군."
하면서 다시 어사의 다리를 가만히 내려놓았습니다. 자는 척하고 수작을 부리던 어사는 더 이상 참을 수가 없어서 이번에는 음음…… 하면서 몸을

옆으로 돌리면서 팔을 펴서 여인을 껴안았습니다. 그러자 그 여인은 벌떡 일어나 앉았습니다. 그리고 추상같이 엄한 어조로 호령을 하였습니다.
 "여보시요 선비님, 일어나 앉으시오. 남녀가 유별해서 한 방에 재워 줄 수 없는 것을, 사정이 딱해서 재워 주면 그것을 고맙다고 생각하고 감사히 받아들여서 잘 자고 갈 것이지, 선비의 체통과 삼강오륜을 저버리고 유부녀를 넘보는 것은 그대로 묵과할 수 없는 일이니 냉큼 밖에 나가 싸리 회초리를 해오시요!"
라고 하였습니다.
 정신이 바싹 든 어사는 부끄럽고 창피했으나 여인의 위엄이 너무 도도해서 시키는 대로 밖에 나가 울타리의 싸리나무 회초리를 뽑아 들고 방안으로 들어왔습니다. 여인은 어사에게 종아리를 걷으라고 엄명하였습니다. 어사는 무엇엔가 억눌리는 듯한 위엄에 그만 종아리를 걷고 여인 앞에 섰습니다. 여인은 박 어사의 종아리를 세차게 쳤습니다. 어사의 종아리에서는 살이 찢어지고 피가 흘렀습니다. 한참 만에 매를 거둔 여인은 농 문을 열고 명주를 한 필을 꺼내서 그것을 찢어 어사의 피나는 다리에 감아 주었습니다. 그리고 말하였습니다.
 "이 피는 모두 부모에게 받은 귀한 것이니 한 방울도 함부로 흘려 보내서는 안 됩니다. 피 묻은 이 명주는 함부로 버리지 말고 몸에 지니고 다니면서 앞으로도 또 이와 같은 사악한 사념에 사로 잡힐 때 자기를 바로 잡는 교훈의 신표로 하시요."
라고 하였습니다. 다음날 새벽 박 어사는 여인이 일어나기 전에 도망치다시피 하여 그 집을 빠져 나와 길을 걸었습니다.
 세월은 흘러 그 일이 있은지도 몇 달이 지난 어느 날, 박 어사가 어느 곳에 이르렀을 때 날이 저물었습니다 그래서 잘 만한 적당한 집을 찾아 하룻밤 자고 가기를 청하였습니다. 그런데 그 집에도 남자는 장사차 출타하고 여자 혼자만이 있는 집이었습니다. 여인은 반갑게 어사를 방으로 맞아들여 저녁상을 잘 차려 와서 저녁밥을 드는 어사 옆에 앉아 온갖 교태를 부리면서 식사 시중을 들었습니다. 그리고 상을 물리자 윗방에 어사의 자리를 마련하고 잘 자라는 인사를 여러 번하고 방문을 닫았습니다. 어사는 먼 길을 걸어오느라 피곤해서 막 잠이 들려고 하는데 가만히 방문 여는 소리가 나더니 속옷 바람의 주인 여자가 어사의 이부자리 속으로 기어드는 것이 아닙니까. 어사는 몇 달 전 싸리 회초리로 매맞은 생각이 불현듯 나서, 자리에서 벌떡 일어나 앉았습니다. 그리고 흐트러진 주인 여자를 보고 추상같은 호령을 하였습니다.

"남편이 있는 유부녀가 이게 무슨 짓이요! 오륜을 저버린 이 파렴치한 행동은 도저히 용서 못할 일이니, 냉큼 밖에 나가 싸리 회초리를 꺾어 오시요."

하고 위엄을 갖추었습니다. 여인은 어사의 위엄에 기가 질려 시키는 대로 회초리를 만들어왔습니다. 어사는 여인의 종아리를 세차게 내리쳤습니다. 그때였습니다. 다락 문이 갑자기 열리며 한 장정이 손에 시퍼런 도끼를 들고 방으로 뛰어 내려와서, 방바닥에 엎드려 어사에게 말을 합니다.

"손님, 저는 저년의 남편입니다. 소문에 저년의 행실이 좋지 못하다는 이야기를 듣고 진위를 확인해서 이 도끼로 요절을 내려고 며칠째 다락에 숨어서 동정을 살피던 중이었습니다. 오늘 하마터면 귀한 분을 해칠 뻔했습니다."

하는 것이었습니다. 박 어사는 온몸이 오싹했습니다. 전에 싸리 회초리로 종아리를 맞으며 훈계를 받지 않았던들 오늘 이런 난을 피할 수 있었을까 생각하니 그 산속의 여인이 더욱 고맙고 신기하기만 하였습니다. 이야기로는 그 여인이 박 어사의 조상이며, 훗날 이런 일이 있을 것을 미리 알고 몸소 사람으로 변신해서 나타나 교훈을 준 것이라고도 합니다.

싸리나무도 크게 자란 것은 무척 크다고 하며, 경북 청량산 청량사 부근에는 작은 전주만큼이나 큰 싸리나무 숲이 있다고 합니다.

또 경북 안동 호암에는 굽이쳐 흐르는 낙동강을 바로 내려다보이는 산중턱에 연어헌(鳶魚軒)이라는 아담한 옛 정자가 하나 있습니다. 이 정자는 조선조 때의 대 학자 송암 권호문(松巖 權好文:1532~1587) 선생의 정자입니다. 이분은 퇴계 문하인으로서 서애 유성룡, 학봉 김성일, 구백담 선생들과 함께 공부하여 학문이 하늘에 달한 분이며, 30세 때 진사시험에 합격하였으나 연이어 부모를 여의고 3년씩 여막(廬幕)을 지키며 관계에 진출을 단념하고, 청성산(靑城山) 기슭에 무민제(無悶齊)를 짓고 유유히 한 세상을 살아가신 분입니다. 만년에 덕망이 더욱 높아져 찾아오는 문인들이 많아졌고 나라에서 집경전참봉(集慶殿參奉), 내시교관(內侍敎官) 등의 벼슬을 내렸으나 모두 사퇴하고, 물과 같이 바람과 같이 아무것에도 거리낌없고 구애됨 없이 후학을 양성하면서 한 세상을 유유히 보내신 선비 중의 선비이십니다. 이분의 정자인 연어정의 기둥이 바로 싸리나무로 만들어졌다고 합니다. 한아름이나 되는 싸리 기둥 정자에 앉아 끝없이 흘러가는 낙동강 물을 바라보면 누구라도 세속에 때묻은 잡념을 모두 버리고 고아하고 맑은 정신 세계에 다다를 것으로 생각합니다.

싸리나무는 한약재로도 많이 쓰이는데 한방명은 형조(刑條), 호지자(胡枝子), 목형(牧荊)이라고 하고 잎과 가지를 약재로 쓰는데 참싸리, 풀싸리, 조록싸리, 좀싸리 등도 모두 함께 약으로 쓰며, 7~8월에 새로 자라난 가지부분을 채취하여 햇볕에 말린 다음 잘게 썰어서 씁니다. 싸리나무 속에는 해열, 이뇨 등에 효과가 있는 약성분이 있어서, 기침, 백일해, 오줌이 잘 나오지 않는 증세, 임질 등에 쓰인다고 합니다.

그리고 싸리 기름은 돈버짐과 기타 얼굴에 나는 버짐에 잘 듣는데, 싸리 기름을 만드는 방법은 굵은 싸리를 약 10cm 정도 비스듬히 잘라서 잿불에 한쪽을 꽂아 두면 노랑색의 싸리 기름이 나옵니다. 이것을 손으로 찍어서 버짐에 몇 번 바르면 버짐이 잘 낫습니다.

싸리는 또한 좋은 밀원 식물입니다. 봄에 유채꽃을 찾아 제주도로 갔던 양봉업자들은 가을이 되면 싸리 꽃을 따라 북상해서 우리들에게 몸에 좋은 싸리 꿀을 줍니다.

이와 같이 싸리나무는 너무나 우리 생활과 가까운 나무이며, 자연과 밀착해서 살던 옛날에는 더욱 그러했습니다. 그러나 아무리 문명이 발달해도 앞으로도 여전히 싸리나무는 우리들과 함께 사는 정다운 나무임이 틀림없을 겁니다.

25
아그배나무

  9월이 되면 벌써 가을이 오고 있습니다.
  위를 쳐다보면 높고 높은 가을 하늘이 머리 위에 푸른 보자기를 씌운 듯 파랗게 있습니다.
  깊고 푸른 가을 하늘! 높아진 그 하늘만큼이나 텅 비어가는 내 마음. 밤새 울어대는 풀벌레 소리를 들으며 채워도 채워도 비어만 가는 공허한 이 마음……. 어차피 인생이란 홀로 가는 나그네 길. 나를 대신해서 살아 줄 사람도 죽어 줄 사람도 없는 자기만의 외로운 나그네 길.
  명예도 재산도 친구도 모두 내가 나아가는 길가에 잠시 나타났다 사라질 환상 중의 환상. 온 곳도 갈 곳도 모르고 그저 사는대로 살아가는 꿈속의 삶. 버리고 초월한 곳에 진정한 삶이 있다고 하지만 그 경지에 이르기란 평생을 닦아도 도달하기 어려운 아득한 먼 형이상학의 세계. 유위(有爲)의 범주를 맴도는 어리석고 어리석은 이슬 같은 인생. 그러기에 나 같은 범부(凡夫)는 그저 허허 웃으며 빈 마음으로 한세상 살고자 할 따름.
  보석보다도 더 아름다운 혁준과 현규. 나와 같은 시간대 속에 같이 살면서 함께 가을을 맞이하고 사는 귀여운 아기들. 공허한 이 가을의 텅 빈 가슴속에 그들의 맑은 마음을 받아들여 빈틈없이 채우고져. 가을이 더 깊어지고 빈곳이 더 많아질수록 더 많은 그들의 마음을 그 빈곳에 자꾸 자꾸 채우고져.

아그배나무

    귀엽고 아름다운 아그배 붉은 열매를 많이 많이 따며 올 가을은 사랑스러운 아기들과 함께 가을의 고독을 이기렵니다.
    아그배는 속칭 '쥐미' 또는 '시나사리'라고 부르는 우리나라 야생의 작은 관목입니다. 뿌리가 천근성(淺根性)이므로 토심이 얕은 곳에서도 잘 자라기 때문에 옛날에는 사과 대목으로 가장 많이 이용하던 나무입니다. 그러나 근년에 외성 대목의 도입으로 사과 대목으로는 뒷전으로 밀려 난 듯하지만 가을에 익는 아름다운 붉은색 열매와 봄에 피는 고운 꽃 때문에 원예용으로 많은 사랑을 받으며 '꽃사과' 또는 '애기사과'라는 이름으로 꽃집에서도 많이 팔고 있습니다.
    강인한 생명력 때문에 분에 심어도 잘 살며, 분에서도 꽃은 물론이고 열매도 많이 맺음으로 분재용으로 무척 사랑받고 있습니다.

생과로 먹기에는 씨가 너무 많고 열매가 너무 작아서 부적당하지만 과실주를 만드는 데는 참 좋은 재료가 됩니다. 소주에 담그면 곱게 우러나오는 분홍색의 향기 높은 아그배 술은, 술을 잘 못 마시는 사람도 투명한 유리컵에 담아 조금 마셔 보고 싶은 충동을 느낄 정도로 색이나 향이 좋습니다.

살구씨 크기만한 둥근 열매는 가을이 되면 붉게 익는데 한 꼬투리에 보통 5개 정도가 달리고 사과를 축소해 놓은 듯 무척 귀엽습니다. 아그배를 보고 있으면 마치 걸리버가 여행한 소인국의 사과와 같이 앙증스럽고 사랑스러울 따름입니다.

세상에는 커서 좋은 것도 많지만 작아서 좋은 것도 많습니다. 큰 수박, 커다란 배, 큰 집 등등 얼마든지 커서 좋은 것들이 있습니다. 그러나 작아서 좋은 것도 또한 무척 많습니다.

그런데 이 작은 열매를 맺는 아그배는 소품 분재용으로 가장 적당한 나무입니다.

손바닥 위에 올려 놓은 자연! 소품 분재를 한마디로 이렇게 표현할 수가 있습니다. 복잡한 도시 생활에서 자연과 멀어지면 멀어질수록 우리들은 본능적으로 자연과 가까워지고 싶은 충동을 느낍니다.

한치의 마당도 없는 아파트 속에 살더라도 마음은 늘 솔바람 부는 넓은 산야를 달리고 있으며 그리워하고 있습니다. 그래서 한 그루의 나무라도 분에 심어 베란다에 올려 놓고 관상하는 사람들이 무척 많아졌습니다.

그런데 '소품 분재'란 일반 분재와 많이 다릅니다. 일반 분재는 단순히 초목을 분에 심어서 가꾸며 관상하는 것을 말하는 것이지만, '소품 분재'는 각자의 창작 표현입니다. 인공을 가해서 보다 작은 분에, 작은 나무를 심어 마치 낙락장송같이, 혹은 해안이나 심산유곡의 숲속같이, 절벽의 고목과 같이, 갖가지 대자연의 상으로 가꾸는 일종의 작품, 혹은 예술을 가리키는 것입니다. 바로 이러한 점이 일반 분재와 다른 점입니다. 아무리 인공을 가해도 조금도 인공을 가하지 않은 자연 그대로인 것처럼 보이게 하고, 커다란 자연의 수목과 경치를 균형 있게 축소해서 손바닥만한 분 위로 옮겨 자연을 보는 것과 똑같은 느낌이 들도록 만든 작품이 바로 '소품 분재'입니다.

 그러므로 소품 분재의 매력과 특징을 좀더 구체적으로 설명하면 다음과 같습니다.

① 높이 20~30cm 이하의 나무를 마치 고목과 같은 형상으로 가꾼다.
② 소재의 구입 가격이 저렴하고 누구나 손쉽게 즐길 수가 있다.
③ 종목 만들기가 수월하며 실생, 삽목, 접목, 취목 또는 산이나 들에서 쉽게 채취가 가능하다.
④ 놓는 장소가 좁아도 많은 분을 배양할 수가 있으며 마당이 전혀 없어도 재배가 가능하다.
⑤ 손바닥에 올려 놓고도 감상할 수가 있어서 더한층 정감이 간다.
⑥ 가꾸는 사람의 무한한 창의와 기술이 반영되므로 가꾸는 재미가 참 좋다.

 이상 소품 분재에 대한 매력과 특징을 대충 설명했으나 소품 분재는 하나의 작품인 고로 명품을 만들어 오래도록 즐기려면 그것을 완성할 때까지 꾸준한 노력과 많은 사랑을 쏟아 부어야 하는 것은 물론입니다.

 가련한 흰꽃, 빨간 작은 열매가 방울같이 매달린 아그배 열매의 교태는 실로 능금 중에서 가장 인기가 높으며 초보자도 가꿀 수 있는 수월한 품종입니다. 수세도 강인하여 어떠한 환경에서도 잘 살며 모양도 애완용으로 손색이 없습니다.

 이 귀여운 나무를 분 또는 마당에 길러 보며 더욱 사랑하시기 바랍니다.

26
영산홍
(映山紅)

　봄을 아름답게 꾸미는 온갖 아름다운 꽃들 중에서 빼놓을 수 없는 아름다운 꽃의 하나가 바로 영산홍입니다.
　진달래나 철쭉과 비슷한 이 꽃은 꽃의 모양이나 크기, 색깔 등 무척 다양하며 곱고 아름답기가 비길 데 없습니다.
　진달랫과에 속하는 상록 관목인 이 나무는 높이 약 1m 가량으로 자라는 비교적 작은 나무이나 그 종류의 다양함과 아름다움은 어느 나무에게도 뒤떨어지지 않습니다.
　비교적 따뜻한 기후를 좋아하는 습성 때문에 우리나라 남부지방에서는 노지에서 월동이 잘 되지만 중부 이북지방에서는, 동해를 받기가 쉽습니다. 그래서 안동을 비롯한 북부지방에서는 화분에다 키우는 경우가 많습니다.
　우리 집에도 영산홍 화분이 3개 있는데 지금 꽃이 한창입니다.
　해마다 봄이 오면 영산홍은 어김없이 잎이 나고 꽃을 피우며 열매를 맺는데, 우리들 인생은 오직 한 번뿐인 일생(一生)을 살고 있습니다.
　인생(人生)은 일생(一生)이지 이생(二生)이나 삼생(三生)일 수는 없습니다.
　50년을 살거나 100년을 살아도, 그것은 모두 그 사람의 일회 일생(一回 一生)이지 결코 그 이상의 아무것도 아닙니다.

단 한 번 사는 우리 인생에는 연습도 훈련도 없고 모두가 철저한 일회성(一回性)일 뿐입니다.

그런데 나무는 그렇지가 않고 5년이면 다섯 번의 생(生), 10년이면 열 번의 생(生)을 살고 있는 겁니다.

금년 봄에 피었다가 지는 영산홍은, 내년에도 봄을 맞으면 어김없이 지금처럼 화사하게 꽃을 피우는 겁니다.

어떠한 조화(造化)가 나무들에게 이토록 많은 생(生)을 살도록 해 주는지 모르겠습니다.

역사 이래 많은 사람들은 영원(永遠)을 살기를 바라고, 다시 부활(復活)하기를 바래왔습니다.

그러나 그러한 꿈은 아직까지 아무에게도 이루어지지 않았습니다. 이루어질 수 없는 꿈이기에 더욱 갈망하는 것인지도 모릅니다.

그렇지만 나무들은 매년 새로운 생(生)을 받아 이렇게 화사한 봄 꽃을 피우고 있습니다.

그래서 우리는 나무와 친하고, 나무를 알고, 나무를 사랑하여 나무에게서 많은 것을 배워야 하겠습니다.

그리하여 일회 일생(一回一生)인 우리 인생을 더욱 값지고 알차게 잘 살아야 하겠습니다.

그렇다면 어떻게 사는 것이 가장 값지고 알차게 인생을 잘 사는 것일까요?

그것은 정말로 어려운 질문이라고 생각합니다.

그러나 쉽게, 하루의 생업(生業)을 마치고 내 방에 돌아와서 잠잘 때, 팔다리를 쭉 뻗고 아무 근심 걱정 없이 편히 잠잘 수 있으면, 그것이 바로 잘 사는 인생이 아닐까 생각합니다.

요사이 인기리에 방영되는 '사랑이 뭐길래'에 나오는 '타타타'라는 노랫말에,

네가 나를 모르는데 난들 너를 알겠느냐?
한치 앞도 모두 몰라

영산홍

다 안다면 재미없지
바람이 부는 날은 바람으로
비 오면 비에 젖어 사는 거지
그런거지 음… 허…

산다는 건 좋은 거지
수지맞는 장사잖소?
알몸으로 태어나서 옷 한 벌을 건졌잖소.
우리네 헛짚은 인생살이
한세상 걱정조차 없이 살면 무슨 재미?
그런게 덤이잖소.

라고 하였는데 바로 나무들이 이렇게 사는 것이 아닐까요?
  사람들이 만든 화분 속 한줌 흙 속에 살면서도, 사람이 물을 주지 않으면 금방 말라 죽을 비참한 운명 속에 살면서도, 아무 걱정 없이 태평스러이 꽃피어 있는 영산홍의 마음이 바로 '타타타'가 아닐까요?

타타타(Tatata)라는 말은 범어(梵語)이며 우리말로는 진여(眞如)라는 뜻입니다.

진여(眞如)라는 말은 불교 용어인데, 우주 만유(宇宙萬有)의 실체로서, 현실적이며, 평등 무차별한 절대의 진리를 말하는 것입니다.

이는 대승불교의 이상 개념의 하나로 우주 만유에 보편한 상주 불변(常住不變)하는 본체를 말하는 것입니다. 그래서 진여(眞如)는 우리의 보통 이상 개념으로써는 도저히 미칠 수 없는 최승(最勝)의 진리 경계이며 오직 성품을 증득(證得)한 사람만이 알 수 있는 것이며, 거짓 아닌 진리라는 뜻과 변하지 않는 여상(如常)하다는 뜻으로 진여(眞如)라고 합니다.

나무는 바로 이러한 진여(眞如)를 증득(證得)하였기에 해마다 해마다 새로운 생을 받아서 잘 사는 지도 모릅니다.

아름다움의 극치를 이룬 영산홍을 보시고, 우리도 진여(眞如)를 생각하며 좋은 하루 되시기 바랍니다.

27
오미자

　피어 오르는 새벽 안개 속에 잠겨 있는 깊은 산속의 아침나절은 졸고 있는 황소같이 조용하나 산의 숨결은 끊임없이 은은합니다.
　겹겹이 쌓여 있는 산맥들은 끝없이 밀어닥치는 우주의 파도이고, 바람도 없는데 쉴 새 없이 나부끼는 나무 잎새는 산의 숨결입니다.
　골짜기를 흐르는 맑은 물은 지칠 줄 모르는 산의 맥박이요, 숲 사이로 불어오는 시원한 바람은 다정한 산의 속삭임입니다.
　수없이 많이 들어선 나무들은 도시의 인총보다도 더 많고, 사람들의 성씨보다 더 다양한 여러 가지 다른 종류의 나무들이 한데 어울려 평화롭게 살고 있습니다.
　산의 젖줄인양 이리저리 잡목 사이를 달리던 오미자덩굴이, 처녀의 수줍은 젖꼭지같이 빨간 열매를 드러낼 때면, 사람들은 손에 손에 소쿠리를 들고 그 예쁜 열매를 담으러 9월의 산으로 몰려갑니다.
　꽃을 일컬어 자연의 여왕이요, 천지의 축복이요, 미의 대표자라고 합니다.
　그러기에 '아름답다'라는 것을 나타낼 때 '꽃과 같이 아름답다.' 또는 '천사와 같이 아름답다.'라는 표현을 합니다.
　그러나 가을 산천에 영글어 가는 붉은, 노랑, 크고 작은 열매들도 꽃과는 또 다른 아름다움을 흠뻑 지니고 있습니다.

앙상한 가지 위에 얼굴을 붉히고 내려다보는 가을의 열매들과 눈을 맞추면 왠지 내 마음도 붉어지기만 합니다.

잘 익은 오미자 붉은 열매도 자세히 바라보고 있으면 마음은 저절로 부풀어 오르고 밝은 미소가 한없이 터져 나오며, 오미자 빨간 피부 속엔 어릴 때 함께 놀던 소꿉 친구들의 얼굴들이 하나하나 한꺼번에 어리어 나옵니다.

감을 따다 함께 혼이 난 준호도, 코스모스 꽃을 따서 흰 옷에다가 도장을 찍던 덕영 군도, 반두로 붕어를 잡던 영모 군……. 그들 모두의 얼굴들이 한꺼번에 붉은 오미자 열매 속에 어리어 있습니다.

오미자는 목련과에 속하는 낙엽 덩굴성 관목으로 우리나라 모든 산천에 자생하며 어느 산골짜기에 가도 쉽게 찾아볼 수 있는 친한 나무이며, 특히 전석지(轉石地)에는 무리를 이루어 자라고 있습니다.

낯선 등산 길에서 울창한 숲속을 헤치고 갈 때, 마치 열대 지방의 여러 가지로 얽힌 나무 줄기처럼 이리저리 길을 가로 막는 것이 바로 칡덩굴과 머루, 다래 그리고 오미자덩굴 등입니다.

긴 타원형인 잎은 길이가 10cm, 넓이가 5cm 정도나 되고 가장자리에 치아 모양의 작은 톱니가 빈틈없이 나 있으며, 덩굴에 어긋나게 붙어서, 여름에 시원한 그늘을 만들어줍니다.

꽃은 6~7월에 피며 약간 붉은빛이 도는 백황색으로 피나 다른 나무숲에 가리어 잘 보이지 않습니다.

9월에 익는 붉은 열매는 포도송이처럼 덩굴에서 축축 늘어져, 푸른 산천에 구슬같이 아름답게 빛납니다.

이 열매가 달고, 시고, 쓰고, 맵고 짠 5가지 맛을 골고루 갖추고 있다고 해서 나무 이름을 오미자(五味子)라고 하는데, 그 가운데에서도 신맛이 가장 강합니다.

연구 결과 신맛을 내는 주성분은 말산(Malic acid), 타르타르산(Tartaric acid)이 많이 포함되어 있기 때문이라고 합니다.

한방에서는 오래 전부터 귀한 약으로 사용하여 왔는데, 동물 실험에 의하면 오미자는 대뇌 신경을 흥분시키고 강장 작용을 하며 호흡 중독에도

오미자

직접 작용하여 좋은 결과를 낸다고 합니다.

 뿐만 아니라 심장 활동을 도와서 혈압을 조절하고, 간장의 대사 작용을 촉진시키는 효과도 있다는 것이 알려졌습니다.

 그런데다가 약성은 완만하고 순할 뿐 아니라 독이 없고 부작용이 없어서 안심하고 쓸 수 있는 좋은 약이라는 것입니다.

 특히 오미자는 여러 가지 성신경의 기능을 항진시켜 주므로 유정(遺精), 몽정(夢精), 정력 감퇴, 유뇨(遺尿) 등에 탁월한 효과가 있고, 당뇨병 환자가 입이 마를 때에 복용하면 갈증이 해소되고, 여름에 땀을 많이 흘린 다음 복용하면 더위를 견디고 갈증을 적게 느끼게 하며, 오래된 해수에도 효과가 있고, 간염에도 좋다는 결과가 나와 있습니다.

 그래서 민간에서는 옛부터 술을 담가 먹기도 하고 화채로도 먹었고 차로도 마시는 등 그 활용도가 참 넓습니다.

 지금처럼 과학이 발달하지 않았던 옛날에 우리 조상들은 어떤 연구로 오미자가 몸에 좋고 병에 좋다는 것을 알아냈는지 정말 생각할수록 신기하기만 합니다.

 그래서 궁중 요리에도 이렇게 좋은 오미자가 많이 이용되었는데, 그 중 한가지를 소개하면, 《이조궁정요리통고(李朝宮廷料理通攷)》라는 책에 '오미자응이'를 만들어 상감님에게 진상하였다는 기록이 있습니다.

 만드는 법은, 녹두를 곱게 갈아서 가라앉혀 만든 녹말을 오미자 즙에 넣고 약한 불에 끓이면 됩니다.

 이렇게 만든 '오미자응이'는, 아름다운 오미자 즙의 고유한 진달래색과 새콤한 별미가 가미되어 단백하고 산뜻한 맛을 주는, 몸에 아주 좋은 식품이라는 것입니다.

 오미자차도 널리 애용하는 국산차인데, 가을에 잘 익은 열매를 따서 햇볕에 잘 말린 다음 종이 봉지에 넣어 통풍이 잘되고 습기가 없는 시원한 장소에 매달아 보관을 합니다.

 산에 가서 직접 따는 것은 무척 낭만이 있고 좋은 일이지만 여러 가지 사정으로 여의치 못한 경우에는 건재 약방에서 구입하여 물로 깨끗이 씻은 다음 잘 말려서 같은 방법으로 보관을 합니다.

오미자차는 오미자 열매를 물에 넣고 끓이거나, 아니면 오미자 열매 가루를 끓인 물에 타서 마시는 두 가지 방법이 있습니다.

이때 보관중인 오미자 열매에 곰팡이가 있는가 잘 살펴봐야 합니다.

10~15g 의 열매를 약 500cc 정도의 물에 넣어 적당한 불로 천천히 잘 달이면 좋은 오미자차가 됩니다.

오미자 가루도 차를 만들 때에는 물 한 잔에 찻숟갈로 2, 3개 정도의 분량을 타서 마시면 되는데 이때 기호에 따라 설탕이나 꿀을 가해도 좋습니다.

커피를 마시는 분들이 많아짐에 따라 우리나라에서도 커피 수입을 위하여 많은 외화를 지불하고 있는데, 듣기로는 커피가 우리 체질에는 맞지 않고 건강에도 별로 좋은 것이 아니라는 말을 들었습니다.

아무래도 우리에게는 우리나라에서 나는 우리 것이 가장 좋은 것임이 틀림없습니다.

특히 오미자는 성신경을 강하게 하는 데에도 좋고 양기에도 좋은 보양제라고 하니 앞으로 오미자차에 맛을 들여 몸도 보하고 외화도 절약하는 두 가지 효과를 노렸으면 합니다.

번식은 종자로 하거나 포기나누기로 하고 우수한 품종를 얻기 위해서는 꺾꽂이를 하여 묘를 얻는 것이 좋습니다.

오미자와 비슷하게 생겼으나 잎 뒤에 털이 없고 민둥한 것을 개오미자라고 합니다.

28
위성류

위성류

얼마 전 의성군 농촌지도소에 볼일이 있어서 그 곳에 갔다가, 지도소 마당에 심겨 있는 위성류를 만났습니다.

오래 전 안동중학교 운동장 한쪽에 있던 위성류가 학교 신축 공사로 뽑힌 이래 정말로 오랜 만에 이 재미있는 나무를 보게 되었습니다.

아무렇게나 머리를 흐트러 내린 광기 있는 여인의 긴 머리털 같은 잎하며, 비비꼬면서 자라는 줄기하며, 가느다란 가지하며, 모두가 다른 나무와 너무나 다른 모양의 나무입니다.

아무리 봐도 이 나무는 정상이라고 할 수 없고 좀 기형적인 나무입니다.

동양화 그림에서, 당나라 왕유(王維)가 그렸다는 나무의 줄기나, 북송(北宋)의 마원(馬遠)이 그렸다는 이상한 나무의 줄기를 보고 세상에 저런 나무가 어디 있어? 했는데 위성류를 보고 나서야 그 묘사가 가공적인 것이 아니라는 것을 잘 알게 되었습니다.

위성류를 보고 있으면 한 번밖에 없는 생을 저렇게 삐뚤어지게 살아서 되겠는가 하는 생각이 저절로 납니다.

우리 인생에서 삶을 산다는 것이 너무나 중요하고, 어느 한 순간도 소홀히 할 수 없는 귀하고 의미 있는 찰나의 연속들입니다.

그러므로 이러한 삶의 참가치를 잘 알고 보람되게 살아야지, 그저 되는 대로 살다 보면, 눈 깜빡할 사이에 종착역에 이르러 생을 마감해야 하는 것입니다.

직장의 정년 퇴직이 다가오듯이 인생의 정년 퇴직도 내가 원하든 원하지 않든 계속 가까워지고 있다는 것을 잘 알아야 하겠습니다.

그러므로 우리는 무의미한 삶의 방법과 방종한 생활에서 벗어나 모든 일을 알차고 값지게 꾸려가며, 오늘의 생활을 내일 돌이켜봐도 후회 없이 잘 살았다고 할 수 있도록 하루하루를 알차게 살아야 하겠습니다.

그리하여 이 천지의 더 넓고 깊은 곳까지 꿰뚫어 보며 보통 사람이 느끼지 못한 곳까지 바라보며 살면 남이 일생을 사는 동안 나는 이생도 삼생도 살 수 있고 나아가서는 영생도 할 수 있다고 생각합니다.

위성류는 원래 중국 원산의 나무이고 그 특이한 모양 때문에 옛 선비들이 정원에 심어서 기르던 나무입니다.

그러므로 이 나무는 산이나 들에서는 발견할 수 없고 오직 인가 근처나 정원에서만 볼 수 있는 사람의 손때가 묻은 나무입니다.

추위에도 비교적 강하고 맹아력도 좋으나 생장 속도가 무척 느립니다.

한자명으로는 위성류(渭城柳), 수사류(垂絲柳), 적경류(赤莖柳), 성류(檉柳), 삼춘류(三春柳), 우사(雨師)등 여러 가지 이름으로 불립니다. 이름에 버들 유(柳)자가 많이 든 것은 이 나무의 생김새가 얼른 보기에 버드나무와 닮았고, 또 버드나무처럼 물기를 좋아한다는 데서 연유된 것으로 생각됩니다.

우사(雨師)라는 말의 원뜻은 하늘에서 비를 주관하는 신의 이름인데, 위성류가 습기를 너무 좋아해서 비가 오려고 하면 공기중의 습도가 높아지므로 평소 늘어지고 힘이 없던 가지들이 생기를 찾고 빳빳해지는 것을 보고 비가 내릴 것을 예지할 수 있다는 데서 연유된 이름입니다.

겨울에 잎이 떨어지고 나면 나무의 모양은 더욱 어지러워지지만 가지와 잎이 신기해서 호기심으로 심는 경우가 많습니다.

기록에 의하면 중국에서는 당나라 때부터 이 나무를 뜰에 심었다고 하며, 특히 양귀비가 이 나무를 무척 좋아했다는 이야기도 있습니다.

수고는 약 5m에 달하고 표고 500m 이하인 저지대에 잘 자라며 습기가 많은 곳이 적지입니다.

가지는 가늘고 길며 밑으로 처지고 잎도 가늘어서 향나무와 같은 느낌을 주기도 합니다.

꽃은 총상화서를 이루고 연분홍색인데 1년에 두 번 피는 것이 재미있습니다.

5월경에 먼저 피는 꽃은 묵은 가지에서 나오며 꽃은 크지만 왠지 그 꽃에서는 결실이 되지 않습니다.

6~7월에 피는 두 번째 꽃은 그해 봄에 자란 새 가지에서 피는데 먼저 핀 꽃보다 크기는 작으나 열매를 맺습니다.

열매는 약 3mm 정도로 작으며 10월에 익고 종자에는 긴 털이 나 있습니다.

다른 나무와 마찬가지로 위성류의 가지와 잎도 약으로 쓰인다고 합니다.

수양버들과 비슷한 모양을 하고 있고 독특한 잎과 꽃은 더욱 재미가 있으며 물과 잘 조화를 이루므로 연못가에 여러 포기 심으면 더욱 운치가 있습니다.
　만고의 풍류 여인 양귀비가 이 나무를 좋아한 것도 바로 이런 멋 때문이라고 생각합니다.
　번식 방법은 실생 및 꺾꽂이 모두가 가능하지만 실생법은 열매가 너무 작아서 전문가가 아니면 어렵습니다.
　이른봄에 휴면지를 꺾꽂이하거나 여름에 온실에서 녹지를 꺾꽂이하면 좋은 묘를 얻을 수 있습니다.
　우리 조상들이 좋아하여 즐기다가 우리들에게 물려준 이 나무가 별로 쓸모없고 기이하다고 해서 멸시와 무관심 속에 멸종되어 가는 것은 슬픈 일입니다.
　세상에는 부족하고 모자라는 것이 있어야 거기에 상대되는 좋은 것도 있기 마련입니다.
　지금 이 가을, 시장에는 많은 햇사과가 우리의 입맛을 돋굽니다.
　그런데 옛날에는 노란색의 골덴, 진홍의 홍옥, 푸른색의 인도 등 사과에도 그 종류가 무척 많았으나 지금은 그렇지가 않고 사과라면 후지 일색이 되어버렸습니다.
　좋은 것만 취하고 그렇지 않은 것은 전혀 외면하는 소비자의 선호 때문에 빚어진 결과라고 생각합니다.
　정원수로서 좀 이상하게 생긴 위성류도 정을 붙여 한두 그루 심으며 아끼는 사람들이 많았으면 할 따름입니다.

29
이팝나무

그렇게 아름답던 벚꽃들도 모두 지고, 온 산을 붉게 물들이던 진달래도 그 빛을 잃어가는 요즘, 가까운 야산이나 밭둑 등에는 눈부시도록 흰 이 팝나무 꽃들이 흐드러지게 피어 있습니다.

1m 남짓한 작은 나뭇가지에 퍼붓는 듯 많이 핀 흰 꽃은, 꽃 하나하나는 똑딱단추만큼이나 작은 크기의 보잘 것 없는 꽃이지만, 가지가 보이지 않을 정도로 빽빽이 틀어 박힌 많은 꽃의 모임은 작은 나무 전체를 커다란 꽃다발로 만들어, 보는 사람을 감탄케 합니다.

그리고 봄 동산을 순결한 흰색으로 장식해 줍니다.

'이팝나무'라는 말은 '이밥나무'가 변한 말인데, '이밥'이라는 말은 쌀밥이라는 말입니다.

지금은, 쌀밥은 누구라도 먹을 수 있는 모든 사람들의 주식이지만, 옛날에는 그렇지가 않았습니다.

이조(李朝) 500년 동안에는 왕족인 이씨(李氏)들이나 귀족 양반들이 먹는 밥이지 일반 서민은 감히 잘 먹을 수 없는 귀한 밥이라고 '이씨(李氏)의 밥', 즉 '이(李)밥'이라고 하였습니다.

그래서 그 시절에는 그 귀한 이(李)밥 한 그릇을 먹어 보는 것이 모두의 소원이었습니다.

특히 남존여비의 사상이 지배적이었던 그 시절에는, 여자에게는 더 더욱 쌀밥 먹을 기회가 적어서, 딸을 낳아 시집 보낼 때까지 쌀 3말을 못먹이고 시집을 보낸 집들이 많았다고 합니다.

내가 어렸을 때만 하더라도, 쌀 농사를 지으면 거의 대부분 공출이라고 해서 일제(日帝)가 빼앗아가버리고, 우리나라 사람들은 대체로 잡곡밥으로 살아왔는데, 그 시절에 우리 어머니는 '옷쌀'이라고 해서 아껴둔 쌀을 조금씩 잡곡에 섞어서 쌀이 조금 섞인 밥을 할아버지 밥그릇에만 떠서 드리던 것을 기억합니다.

그리고 가끔 할아버지가 잡수시다가 남기신 쌀 섞인 밥을 얻어먹을 때, 그 밥이 그렇게 맛이 좋고 부드러울 수가 없었습니다.

그래서 철없이 할아버지 밥상 앞에 앉아 할아버지께서 혹시 밥을 남기시지나 않나 기다리기도 했습니다.

그렇게 귀하던 쌀밥을 요사이는 누구라도 배불리 먹을 수 있고 언제라도 먹을 수 있게 되었으니 우리 모두 감사하는 마음으로 고맙게 쌀밥을 먹어야 하겠습니다.

이 지구상에는 아직도 많은 사람들이 굶주림에서 벗어나지 못하고 있고, 우리와 한 핏줄을 받은 이북 동포들도 정치를 하는 지도자를 잘못 만나, 아직까지도 쌀밥을 배불리 못먹고 있는 것을 우리는 잘 알고 있습니다.

너무 풍요로움 속에 살다 보니, 우리는 물질의 고마움을 모르고 많은 음식을 버리는 잘못을 저지르고 있다고 합니다.

우리가 1년에 버리는 음식 찌꺼기만 하더라도 돈으로 환산해서 엄청나게 많은 액수라고 하니 정말로 놀랍습니다.

물푸레나뭇과에 속하는 낙엽 교목인 이 작은 나무는 키가 1m 정도이며 주간은 없고 총생하며 나비 약 3mm 정도의 작은 흰 꽃이 4~5월에 핍니다. 중부 이남지방에서는 어디서라도 자생(自生)하는 흔한 꽃입니다.

꽃이 진 다음 잎도 또한 귀여워서 관상적(觀賞的) 가치가 충분하므로 잘 개발하면 상품화할 수도 있다고 생각합니다.

이 나무 이름을 '이팝나무'라고 한데 대해서는 다음과 같은 기막힌 슬픈 사연이 숨어 있습니다.

옛날 영남 어느 시골 마을에 18살 꽃다운 나이의 한 처녀가 시집을 갔습니다. 그런데 그 집에는 마음씨 고약한 시어머니가 있어서 그 며느리를 호되게 시집살이를 시키며, 사사건건 하는 일마다 트집을 잡고 못살게 구박을 했습니다.

그러나 마음씨 착한 며느리는 그것이 자기에게 주어진 운명인 줄 체념하고 늘 순종하고 참고 살았습니다.

그러던 어느 날, 그 집에 큰 제사가 들어서 며느리는 쌀밥을 짓게 되었습니다. 평소에 잡곡밥만을 짓다가 모처럼 많은 쌀밥을 짓게 되니 혹시 밥을 잘못 지어서 또 꾸지람을 들을 까봐 무척 걱정이었습니다.

밥이 다 될 무렵, 며느리는 밥에 뜸이 들었나 보느라고 조심조심 주걱으로 밥알을 몇 개 떠서 입으로 씹어 봤습니다.

그런데 공교롭게도 그때 시어머니가 부엌으로 들어왔습니다. 그리고 그 광경을 보고는 고래고래 고함을 치며 쌀밥을 며느리가 몰래 먼저 퍼먹는다고 야단을 칩니다.

"제사에 쓸 뫼밥을 네년이 몰래 먼저 퍼먹어……."
하고 난리입니다.

며느리는 아무리 변명을 해도 통 들어 주지를 않습니다.

너무나 억울하고 심한 학대에 못이겨, 며느리는 그만 그 길로 집을 나가 뒷산으로 가서 목을 매어 죽고 말았습니다.

동네 사람들은 이 불쌍한 며느리를 양지 바른 언덕에 고이 묻어 주었습니다.

그런데 다음해 봄이 되자 며느리의 무덤에서는 이밥을 퍼부은 듯 작은 흰꽃이 많이 핀 꽃나무가 돋아 났습니다. 동네 사람들은 '이(李)밥'에 맺힌 한으로 죽은 며느리의 넋이 변해서 핀 꽃이라고 이 꽃나무의 이름을 '이팝나무'라고 하였습니다.

쌀밥 한 그릇 마음놓고 못 먹고, 늘 배고프고 억울함을 참아온 며느리의 고운 마음씨처럼 지금 '이팝나무' 꽃은 온 산야에 만발하고 있습니다.

만발한 이팝나무 꽃을 보며 가엾은 며느리의 애절한 사연과 지나치도록 풍요로운 우리들의 현실을 함께 생각해 봅니다.

고대 로마의 철학자 세네카는, '눈물을 흘리며 빵을 씹어 보지 못한 사람은 인생이 무엇인지 말할 자격이 없다.'라고 하였습니다.

즉, 배고픈 경험, 부족한 경험을 해 보지 않고서는 진실된 인생을 경험할 수 없다는 것입니다.

그런데 요사이 우리들은, 우리들의 자녀들에게 어떻게 하고 있습니까?

지나치도록 풍요로운 물질적 환경만을 만들어 주면서, 정말로 값지고 귀한 것들을 경험하지 못하도록 하고 있지나 않을까요?

들에 만발한 이팝나무를 보며 쌀밥을 늘 배불리 먹는 우리들의 자녀 교육 문제, 이대로 좋은가 한 번 생각해 봤으면 합니다.

30
일본목련
(후박)

지난 여름 방학 때, 충남 예산 향촌사(香村寺)를 찾아간 일이 있었습니다. 그때 절에서 가까운 외딴 마을 어귀에 뜰이 무척 넓은 집이 한 채 있었고, 그 집 마당에는 여러 가지 많은 나무들을 심어서 무척 운치 있게 집을 꾸며서 사는 사람이 있었습니다. 건물은 별로 값진 자재로 만든 것은 아니나 많은 나무들이 집을 돋보이게 장식하여 말 그대로 녹색의 궁전을 방불케 하고 있었습니다. 어떤 사람이 이렇게 전원의 풍류를 만끽하고 사는가 궁금해서 주인을 만나보고 싶은 생각이 불현듯 들었습니다. 그래서 그 집 대문을 들어섰습니다. 대문을 들어서자 숲속에 만들어진 정겨운 오솔길, 잘 다듬어진 나무들, 묵직하게 놓인 돌들, 모두 사랑스럽기만 합니다.

아름다운 예술을 통한 감동의 세계에 공명할 때와 아름다운 자연의 신비에 공명할 때 우리의 마음은 누구라도 시인이 되는 겁니다. 끊임없이 감동을 받으며 살면 바로 그 삶이 시 속에서 사는 삶이고, 그렇게 사는 사람이 바로 시인이 아닐까요?

철따라 꽃피고 잎이 나고 열매 맺는 나무와 더불어 살면 어언 자연의 가장 깊은 곳과 통하고 공감하고 일체가 되어 자연과 함께 가장 아름답고 소중한 것을 얻으며 살게 될 것입니다.

도시의 아파트 한 채 값만 있으면 누구라도 이 사람처럼 자연 속에서 멋있게 살 수 있는데, 도시에 대한 미련을 버리지 못하고 온갖 공해 온갖 소음과 아스팔트가 내뿜는 열기 속에 땀을 뻘뻘 흘리며 상자갑 같은 아파트 속에서 흙 냄새를 잊고 우리 모두 살아가는 실정입니다.

시냇물 흐르는 소리 대신 수세식 변기의 물 빠져나가는 소리 듣고, 새들이 지저귀는 소리 대신 자동차의 소음을 듣고, 솔바람 소리 대신 벨소리를 듣고 사는 우리들은 감정이 메마른지 이미 오래입니다.

열번 천번 나도 이렇게 살고 싶지만 내게 딸린 인연들이 아무도 따르지 않으니 지금도 숨막히는 아스팔트 한구석에서 감정을 죽이고 겨우 숨만 붙어 있는 실정입니다.

그 집에 들어서자 마당 한구석에 키가 크고 잎이 넓으며 그늘이 짙은 나무 밑에 들마루를 펴 놓고 온 식구들이 둘러앉아 과일을 먹다가 예고없이 나타난 불청객을 바라보고도 놀라지도 않고 누구냐고 묻기도 전에 자리를 내주며 함께 과실을 들라고 권합니다.
　인심 좋은 주인의 후대를 받으면서 그늘을 잘 만들어 주는 그 나무를 바라보니 바로 일본목련의 거목이었습니다.
　일본목련의 특색은 다음과 같습니다.
　낙엽 교목인 이 나무는 일본 원산이고 주로 관상용으로 많이 심는 나무입니다. 나무껍질은 연한 회색이며 굵은 가지가 힘차게 잘 뻗어나갑니다. 잎은 목련 잎과 비슷하며, 넓고 싱싱하며 큰 타원형이고 잎 가장자리가 밋밋합니다. 15㎝ 정도로 커다란 흰 꽃은 5~6월에 가지 끝에 한송이씩 피는데 향기가 높고 특히 밤에 은은히 풍겨나는 짙은 꽃 향기는 짜증스러운 여름밤의 무더위를 잠시나마 잊게 해줍니다. 열매는 히말라야시타의 열매처럼 긴 타원형이고 길이 15㎝에 달하며 처음에는 녹색이지만 익으면 점점 벌어져서 빨간 종자가 흰 실에 매달립니다.
　일본목련을 바라보며 잠시 일본을 생각해 봤습니다.
　지리적으로 우리와 가장 가까운 이웃에 있는 나라 일본, 분명히 우리의 적은 아닌데 그렇다고 믿을 수 있는 우방일까요. 해방 직후 항간에 '미국놈 믿지 말고, 소련놈에 속지 말라, 일본놈 일어난다.'라는 말이 있었습니다. 누가 이 말은 퍼뜨린지 근원을 찾을 수 없는 말이지만 일본놈 일어난다라는 말은 확실히 적중해서 지금 일본은 세계에서 으뜸가는 경제 대국으로 군림하게 되었습니다.
　옛날에는 우리의 문화가 일본으로 흘러 들어 갔는데 요사이에는 일본에서 거꾸로 우리에게 흘러 들어와서 커다란 사회 문제가 되고 있습니다. 경제적으로 문화적으로 일본에게 침략당하고 있지 않나 해서 무척 불유쾌합니다.
　'사쿠라'라는 말을 벚꽃의 일본말입니다. 그리고 벚꽃은 일본의 나라꽃입니다. 그런데 이말의 은어적 뜻은, 내편인 것처럼 가장한 상대편, 즉 이중 간첩 비슷한 사람을 가리키는 말입니다. 국제 사회에서 우리의 통일 문제, 무역 문제, 정치 경제 등 여러 분야에서 일본이 우리나라에게 진정한 협조와 후원을 해 주는 나라인지 사쿠라 노릇만을 일삼고 자국의 이익

에만 급급한 나라인지 우리 모두 깊이 생각해 봐야 하리라 생각합니다.

  임진왜란과 일제 36년 간의 서럽고 분한 역사만을 언제까지나 기억하고, 일본놈 나쁜놈이라고만 몰아붙일 것이 아니라, 현실을 바로 보고 바로 알아서 일본사람들에게 다시는 어떤 면에서라도 당하지 않도록 정신차려야 한다고 생각합니다. 우리나라 사람들이 개인적으로 일본 사람과 1대 1로 상대하면 모든 면에서 뒤지는 일이 별로 없는데 집단적으로 대응하면 늘 뒷전으로 밀려난다고 합니다. 이는 전체를 위해서 양보하고 희생하는 마음이 부족해서 일어나는 결과라고 생각합니다.

  분단된 국토, 과다한 국방비의 지출, 부족한 자원 그리고 불안한 정국, 기존의 낙후된 기술과 부족한 부의 축척 등 여러 가지 문제 때문에 지금 당장은 일본에 뒤져 있지만 우리 국민이 단합하고 정신차리면 일본쯤이야 따라붙고 능히 능가할 수 있는 힘이 있다고 생각합니다.

  88올림픽 때 재확인한 일이지만 우리나라는 우리 고유의 음악, 무용, 건축, 무술, 의상 등등 세계 어느 나라보다도 더 우수하고 특이한 것을 많이 갖고 있습니다. 단지 첨단 과학 기술이 선진국에 비해서 조금 미흡하나 우리에게는 잘 교육 받고 재주 많은 인재를 많이 갖고 있으니 따라붙는 데는 시간 문제라고 생각합니다.

  이 나무의 껍질은 약으로 쓰이고 재목은 목질이 연하고 결이 고와서 가구 제조용, 조각용, 악기 제조용에 쓰입니다.

31
자귀나무

콩과에 속하는 낙엽 소교목인 이 나무는 아름다운 깃털형의 잎과 여름에 피는 향기 높은 고운 꽃으로 무척 정겹고 사랑받는 나무입니다.

6~8월에 피는 꽃은 꽃받침과 화관이 5개로 얕게 갈라지고 녹색이 들며 수술은 25개 정도로써 길게 밖으로 나오고 윗부분이 분홍색을 띱니다.

자귀나무 꽃이 홍색으로 보이는 것은 이 붉은 수술의 색깔 때문입니다. 다른 꽃들이 별로 없는 무더운 여름철 마치 공작의 깃털처럼 또는 천갈래 만갈래 갈라진 가느다란 분홍색 명주실을 우산 살 모양으로 다발로 모아 둔 것같이 보이는 아름다운 꽃이 녹색의 짙은 깃털 모양의 나무 위에 아련히 피어 있는 것을 보노라면 더위를 잊고 그 꽃 속에 빨려 들어가는 듯한 착각마저 느낄 정도로 곱기만 합니다. 그리고 바람에 풍겨오는 향기롭고 달콤한 꽃 냄새를 맡으면 짜증스러운 더위마저 잠시 잊어버리고 맙니다.

꽃이 지고 나면 길이 15cm 가량의 콩깍지 같은 긴 꼬투리가 달리는데 한꼬투리 속에는 열매가 보통 5~6개 정도 들어 있습니다. 그리고 그 꼬투리는 겨울 내내 나무에 달려 있으면서 바람이 불면 서로 부딪쳐, 무료한 겨울을 노래라도 하듯, 달각달각 정겨운 소리를 냅니다. 절간에 달린 풍경 소리만큼 맑지는 않으나 살벌한 겨울 바람 소리와 함께 들려오는 콩깍지들의 달각거리는 소리는 그런대로 전원의 풍류를 돋구어 주기에 충분합니다.

이 나무의 가장 두드러진 특색은 밤이 되면 작은 깃털 모양의 잎을 서로 합치고 모아 잠을 잔다는 것입니다. 마치 미모사라는 풀에 손을 대면 잎을 접어 버리듯이 자귀나무는 밤이 되면 잎을 접고 깊이 잠이 든다는 것입니다.

그래서 이 나무 이름을 한자로는 합환목(合歡木=기쁨으로 만나는 나무), 합혼수(合婚樹=혼인으로 만나는 나무), 유정수(有情樹=정이 많은 나무), 야합수(夜合樹=밤에 만나는 나무) 등의 여러 가지 이름이 있으나 모두 비슷한 내용의 뜻을 가지고 있습니다.

즉 부부간의 서로 만남의 즐거움을 상징하는 뜻을 말하는 것입니다. 부부의 사랑은 여러 가지 형태로 오고가나 참사랑은 아무래도 밤에 이루어지는 합환(合歡)의 기쁨에서 얻어지는 것이라고 생각합니다. 특히 요즘처럼 맞벌이하는 부부가 많은 현대 사회에서 낮에는 서로가 많은 일에 얽매여, 서로 얼굴을 대할 기회조차 없다가 퇴근 후 밤이 되어서야 서로 만나서 먹고 마시고 대화하고 그리고 함께 잠자리에 들어 팔베개를 하고 서로 정 주고 정 받을 때 인생의 기쁨을 만끽하고 행복의 절정에 이르는 것이 아닐까요.

부부의 침실을 아름답게 그리고 넘치는 사랑으로 꾸미는 것이 어쩌면 부부 화목의 비결일지도 모릅니다.

부부의 합환은 음양(陰陽)의 교합(交合)이며 자연의 순리(順理)입니다. 공자님도 주역에서 강조하시기를 음과 양의 만남에서 만물이 태어나고 만물이 생장해 나가는 것이라 하였습니다. 그러므로 건강한 부부의 사랑은 자연의 법칙에 순응하는 천도(天道)이고 지도(地道)입니다.

지구상에 사는 수많은 동물들 중 오직 사람만이 성을 향락의 수단으로 삼고 있습니다만 다른 동물들은 종족의 번식상 꼭 필요할 때에만 교미를 하는데, 우리들 사람은 시도 때도 없이 어디서라도 언제라도 성을 즐기고 있는 실정입니다. TV나 신문, 잡지 등에는 여러 가지 상품의 판촉을 위한 광고에 원색의 나체 미녀상을 등장시켜 늘 과대 노출을 하는데, 이는 분명 성을 상품화하고 타락시키는 것이라고 생각합니다.

인간의 관능적 감각은 저축이 되지 않습니다. 그래서 성의 쾌감도 저축이 되지 않는다는 것입니다. 오늘 뜨겁게 느낀 짜릿한 쾌감은 그 순간의 기쁨으로써만 그치는 것이지, 그 감정이 오래 지속되는 것이 결코 아니고 시간이 흐름에 따라 점차 잊혀지고 마는 겁니다. 그래서 내일은 내일의 관능적 사랑의 욕구가 필요하지 오늘의 관능적 쾌감이 저축되어서 이어져 가는 것이 아닙니다. 그러므로 지나친 관능주의에 사로잡히면 더 큰 자극, 더 색다른 무엇 …… 등등을 바라는 나머지 부정과 탈선에 유혹되어 나중에는 파멸을 초래하게 됩니다.

성(性)은 신(神)이 우리 인간에게만 준 특별 보너스이지만 이를 바로 받아들여야만 성스럽고 고맙고 귀한 것이 되는 것입니다. 문란하고 부정한 성생활은 자신과 가정을 파멸하고, 몸과 마음을 모두 병들게 하는 겁니다. 전생에서부터 한량없이 깊은 인연의 결과로 맺어진 이 귀한 부부

사이에서 서로 사랑하고 서로 화합해서 바른 부부의 도리를 지켜 나가고 부부 사이에서 건강한 합환(合歡)의 기쁨을 나누어야 한다는 것은 너무나 당연한 일입니다.

경북 봉화읍 닭실에는 유서 깊은 안동 권씨(安東權氏) 충정공파(忠定公派)의 중제(冲齊)선생 종택이 있는데 이집 대문을 들어서서 대청 왼편을 보면 높이 약 3m에 달하는 자귀나무가 있습니다. 아마도 부부 화합하고 가내 화평하라는 바램에서 이 자귀나무(合歡樹, 有情樹)를 심었는지도 모릅니다.

그 집의 옛 주인이신 중제 권발(冲齊 權橃 : 1478~1548) 선생께서는 부부의 도리를 다음과 같이 일깨워 주셨습니다.

전인이 중용을 읽다가 물었습니다.

"군자의 도리는 부부에서 실마리가 시작된다고 했는데 무슨 뜻입니까? 부부 사이에는 희롱이나 억압함이 예가 아니라 하였는데 반드시 부부가 대할 때는 빈객을 대하는 것같이 해야 합니까?"

이에 대답하시기를,

"무릇 부부는 분별이 있어야 하는 것이니 윤상(倫常)을 어지럽게 하고 질서를 교란시키는 것은 모두 남녀간에서 시작된다. 지금 세대에는 혼인을 하는데 친영례(親迎禮)를 행하지 않으니 심히 바르지 못한 일이다. 본원이 부정(不正)하므로 그 흐름의 폐해로써 질서를 어지럽게 하고 윤상을 패망케 하는 일이 많이 있는 것이다."

라고 하셨다 합니다.

너무 어렵고 딱딱한 이야기가 되었기에 이번에는 선비들의 사랑방에서 흘러나온 유머 이야기를 하나 소개합니다.

옛날에 어느 유생이, 당대에 대학자이신 퇴계 선생과 율곡 선생은 방사(房事)를 어떻게 하시나 한번 비교 연구해 보기로 결심하고, 어느 날 몰래 율곡 선생이 주무시는 안방 문 밖에 몰래 숨어서 동정을 살펴봤더니 드디어 방안에서 만남이 이루어지는데 두분의 만남이 어찌나 조용하고 은밀한지 간간히 가쁜 숨소리와 이부자락 움직이는 소리만이 가느다랗게 들릴 뿐 고요하고 고요할 뿐이었더라는 것입니다.

그래서 이번에는 퇴계 선생 집으로 숨어 들어 똑같이 숨어서 살펴봤더니, 이번에는 정반대로 두분이 만날 때 퇴계 선생 안방에서는 온갖 요란한 소리와 격렬한 움직임의 기척이 분주히 나더라는 것입니다. 며칠 후 그 유생은 퇴계 선생을 찾아 뵙고 자기가 저지른 무례를 사죄하고 두 선생의 일이 너무나 대조적이어서 어느 것이 옳은 것인가 하고 질문을 하였다 합니다. 그랬더니 퇴계 선생께서는,
　"음양이 합칠 때는 천둥 번개가 일고 비바람이 몰아치는 것이 자연의 이치고 순리라네. 그러므로 부부가 합치는 것도 음양의 화합이니 이와 다를 바가 없으며 천둥 소리가 나고 번개가 치는 것은 당연한 일일세. 만일 음양이 합치는 데도 천둥소리도 번개도 치지 않는다면 그것은 순리에 역행하는 것이니 그 결과로 얻어지는 자손에게 해롭다네."
라고 하였다 합니다.
　소가 이 자귀나무의 잎을 너무 잘 먹기 때문에 어떤 지방에서는 '소쌀밥나무'라고 부르기도 하고 혹은 '매자귀나무'라고 부르는 지방도 있습니다.
　한방에서는 합환피(合歡皮), 야합피(夜合皮) 또는 합환목피(合歡木皮)라고도 하고 꽃은 합환화(合歡花)라고 하며 수피와 꽃은 각각 다른 목적의 약으로 쓰입니다. 수피는 여름부터 가을에 채취하여 햇볕에 말려서 잘게 썰고, 꽃은 그늘에 말려서 쓰고 피는 활혈(活血), 진정, 소종, 구충 등의 효능이 있으므로 신경 쇠약, 불면증, 임파선염, 임후염, 골절상, 종기, 회충 구제 등에 쓰이고 꽃은 건망증, 불면증, 가슴이 답답한 증세, 타박상에 의한 통증, 허리와 다리의 통증에 쓰인다고 합니다.
　비교적 따뜻한 남쪽 지방에서 잘 자라는 자귀나무는 지금도 우리 강산에서 우리네 가정의 행복을 빌어주며 무성하게 잘 자라고 있을 뿐만 아니라 위에서 소개한 바와 같이 좋은 약까지 주어 우리의 건강도 잘 지켜주고 있습니다. 마당이 넓은 집에 사시는 분은 양지바른 곳에 자귀나무 한 그루 심어서 더 친하고 가까이에서 즐기는 것도 참 의의 있는 일이라고 생각합니다.

32
자작나무

자작나무는 세속을 싫어하는 나무입니다.
그래서 사람들이 많이 사는 집 근처나 사람들이 많이 드나드는 야산에는 별로 없고 깊고 높은 산속에서만 잘 자라는 나무입니다.
자작나뭇과에 속하는 이 나무는 높이 20m 정도로 자라는 낙엽 활엽수이며 가장 두드러진 특색은 흰색의 수피(樹皮)가 옆으로 줄줄 벗겨지는 데 있습니다.
안동 지방에는 산은 많지만 학가산만큼 높은 산은 없습니다.
약 900m가 되는 이 산 정상에는 옛날에 봉화대가 있었고 지금은 그자리에 무전 송신탑과 TV중계탑이 자리잡고 있습니다.
이 산 남쪽에는 고려 공민왕이 홍건적의 난을 피해 안동으로 몽진(蒙塵)하였을 때에 쌓은 것으로 전해지는 오래된 산성이 있습니다.
안동 지역의 다른 곳에도 산성이 있고, 그 산성 중에는 공민왕이 쌓았다는 전설을 가진 것들이 많지만, 공민왕이 안동에 머문 기간 등으로 미루어 보아 학가산의 산성이 가장 신빙성이 있는 것으로 전해지고 있습니다.

내가 자작나무를 본 것은 옛날 이 산성가에서 였습니다.

그러나 자작나무에 대한 이야기는 중학교 다닐 때 일본인 담임 선생님으로부터도 많이 들어서 이름만은 그전부터 잘 알고 있었던 나무였습니다.

일제 말엽 일본 사람들은 한국의 청소년들을 '가미가재' 특공대로 편성해서 전쟁터로 내보내, 폭탄을 안고 미군 함정에 몸으로 부딪치게 하기 위해서, 학교에서도 죽음과 삶이 별로 다를 바 없다는 것을 교묘한 논리로 늘 강조했었고, 또 죽음 그 자체를 미화하였습니다.

그래서 그때의 학생들은 그 사람들의 설득에 세뇌가 되어 죽음의 전쟁에 자원도 했고 삶과 죽음에 대해 그들의 철학대로, 포기와 초월한 염세적 인생관을 갖기도 하였습니다.

따라서 그때에 학생들 사이에는 '후지무라 미사오'라는 젊은 일본인 학생이 인생과 우주의 신비를 풀려고 사색과 번민 끝에, 결국 폭포로 뛰어내려 자살을 하면서 남긴 글을 무슨 금과옥조라도 되는양 줄줄 외우며 감상에 젖어들었습니다.

그 글은 대략 다음과 같다고 기억하고 있습니다.

悠悠たるかな 天壤, 遼遼たるかな 古今, 我 五尺の 小軀を以て 此の 大を 圖らんとす.

「ホレィショウ」の 哲學竟に 何等の「オーソリテイ」を 價する ものぞ.

萬有の 眞相は 唯だ 一言にして 悉す 曰く「不可解」!

我 この 恨を 懷いて 煩悶 終に 死を 決するに 至る.

旣に 巖頭に 立つに 及んで 胸中 何等の 不安ある 無し.

初めて 悟る 大なる 悲觀は 大なる 樂觀に 化す.

悠悠 하도다 天涯!

遼遼 하도다 古今!

나 오척(五尺)의 작은 몸으로 이 큰 신비(大)를 풀려고 한다.

'호레이쇼'의 철학 따위엔 아무런 귀의도 찾을 수 없다.

만유(萬有)의 진상(眞相)은 오직 모두 한마디로 말하여 불가해(不可解)라!

나 이 한을 안고 번민, 드디어 죽음을 결정하기에 이른다. 이제 암두(巖頭)에 서니 가슴속에 아무런 불안(不安)도 있을 수 없다.
처음으로 깨달은 바
커다란 비관(悲觀)은 커다란 낙관(樂觀)으로 화(化)하다.

이 글을 '후지무라'는 자작나무를 깍아내고 그 밑둥치에 써 놓고 자살을 했다는 것입니다.

그래서 자작나무하면 늘 이 글을 생각하였던 것입니다.

왜 하필이면 자작나무에 이 글을 썼는지는 잘 알 수가 없지만, 아마도 자작나무가 잘 썩지 않는 나무라서, 자작나무에 글을 써서 오래 남기려고 그랬는지 모릅니다.

자작나무는 벌레가 잘 먹지 않고 나무의 질이 좋으며, 나무에 기름기가 많아서 오래도록 두어도 변질되지 않으므로 건축재, 공예품 제조, 조각재 등에 적합한 나무입니다.

그래서 옛날부터 여러모로 많이 쓰던 나무이며, 경주 천마총에서 나온 그림도 자작나무에 그린 것이며, 해인사에 있는 팔만대장경의 판각도 이 나무로 만들었으며, 도산서원에 있는 목판도 역시 자작나무로 만들었습니다.

함경도와 평안도 산골에서는 영궤(靈几)를 만드는 데도 쓰였다고 하며, 두메 산골에서 보았던 널와(나무판자로 이은 지붕)도 자작나무 껍질을 이용한 것입니다.

또 자작나무 껍질은 거의 모두가 기름기로 되어 있어서 산골에서는 밤길을 갈 때 자작나무 껍질에 불을 켜서 밤길을 밝혔다고 합니다.

그리고 기름기가 많은 이 나무 껍질은 미끄러워서 등산 길에 밟으면 넘어지기 쉬우므로 늘 주의를 주는 나무이기도 합니다.

자작나무는 박달나무와 너무나 많이 닮아서 처음 보는 사람은 잘 구별이 되지 않습니다.

그러나 자작나무의 껍질은 흰빛이 더 많고 열매 꼬투리는 아래로 축 늘어지는 데 반해 박달나무는 흰빛이 부족하며 열매 꼬투리가 위로 향하고 있습니다.

자작나무에는 다음과 같은 전설이 있습니다.

옛날 칭기즈 칸이 멀리 유럽 원정을 했을 때, 칭기즈 칸 군대의 앞잡이 노릇을 했던 유럽 출신의 한 왕자가 있었습니다.

그 왕자는 자기가 장차 왕위에 오르지 못할 것에 불만을 품었는지 혹은 아버지로부터 미움을 받고 쫓겨났는지는 몰라도, 유럽 여러 나라에 앙심을 품고 칭기즈 칸의 진군을 여러모로 도왔습니다. 그는 항상 칭기즈 칸의 군대보다 한발 앞서가서, 칭기즈 칸 군대는 무서운 신무기와 가공할 만한 힘을 가졌다는 말을 몰래 퍼뜨려, 유럽 병사들의 사기를 떨어뜨리고, 전쟁도 하기 전에 미리 겁을 먹고 모두 도망치게 만들어서 칭기즈 칸을 싸우지도 않고 승리하게 만들었습니다.

그러나 막상 칭기즈 칸의 군대는 소문만큼이나 강하지도 않고, 별로 신통한 신무기도 없는 것을 알게 되자, 그런 터무니 없는 소문을 누가 퍼뜨리고 다녔는지를 찾게 되었습니다.

이를 안 왕자는 유럽편도 칭기즈 칸편도 아닌 북쪽으로 멀리멀리 도망을 쳤습니다.

그리하여 더 이상 도망을 칠 수 없는 지경에 이르자 왕자는 땅을 깊이 판 다음 온몸에 흰 명주실을 친친 감고 그 구덩이 속에 뛰어들어 죽고 말았습니다.

왕자가 죽은 그 무덤에서 다음해 봄 자작나무가 자라났는데, 흰 천을 겹겹이 둘러싼 듯한 이 나무의 껍질은 아무리 벗겨도 계속 흰 껍질이 나오는데 이것은 마치 자기의 정체를 숨기려는 왕자의 마음과 같다고 합니다.

왕자의 넋을 지닌 듯한 자작나무는 사람들을 싫어해서, 야산이나 공해가 많는 장소에는 잘 자라지 않으며, 낮과 밤의 기온차가 심한 깊은 산속과 비교적 추운 고산지대에 잘 삽니다.

한약방에서는 자작나무 껍질을 약으로 쓰는데 백화피(白樺皮), 화피(樺皮) 또는 화피목(樺皮木)이라고 부릅니다.

1년 내내 언제라도 채취 가능하나 주로 여름에 작업해서, 거치른 외피를 제거한 다음 햇볕에 잘 말려서 사용합니다.

32 • 자작나무 165

이뇨, 진통, 해열, 해독 등의 약효가 있으므로 편도선염, 폐렴, 기관지염, 신장염, 요도염, 방광염, 류머티즘, 통풍 그밖의 피부병의 치료에 쓰입니다.

말린 약재를 1회에 8~10g씩 200cc의 물로 잘 달여서 복용을 합니다.

류머티즘이나 통풍에는 약재를 달인 뜨거운 물로 찜질을 하는 방법으로 치료를 합니다.

둥치의 흰빛이 아름다워 관상수로 심는 경우도 있으나, 이 나무는 전지를 극히 싫어하고 뿌리가 얕으므로 바람이 센 곳에서는 넘어질 염려도 많습니다. 그러므로 자작나무는 어디까지나 자연 그대로의 상태로 남겨두고, 깊은 산의 정기를 마음껏 마시도록 사람들이 가급적 손을 대지 않는 것이 좋은 나무입니다.

33
잣나무

 잣나무는 우리 강산을 아름답고 품위 있게 꾸며주는 대표적인 나무 중의 하나입니다.
 얼른 보기에 소나무와 비슷한 상록 침엽수이지만 자세히 살펴보면 소나무와 많이 다르다는 것을 곧 알 수 있습니다.
 우선 소나무의 줄기는 나무마다 조금씩 다른 형태로 재미있게 잔재주를 부려 한나무 한나무 모두 조금씩 다른 형태를 취하고 있어서 그런 대로 잔재미가 있지만, 잣나무는 그렇지가 않고 대부분의 경우 줄기가 굽는 법 없이 하늘로 곧게 치닫고 있고 나무마다 정연한 모습을 보이고 있습니다.
 그래서 소나무를 섬세한 여자에 비긴다면 잣나무는 남성과도 같아서 힘차고 시원스럽기만한 나무입니다.
 소나무의 잎이 엉성하고 성긴데 비해 잣나무의 잎은 빽빽하게 들어차서 기품이 높고, 색깔이 진해서 그 속에 힘이 약동하는 것만 같습니다.
 묵직하고 은연한 상록은 불멸을 상징하고 변화 많은 이 세상에서 홀로 절개를 지켜 꿈쩍도 하지 않는 듯 믿음직하기만 합니다.
 옛부터 송백(松柏)같이 굳은 절개를 우리의 조상들은 높이 숭상했는데 과연 잣나무를 보고 있으면 옛사람이 아니더라도 누구나 그러한 생각에 사로잡히게 됩니다.
 잣나무의 한자명은 무척 많아서 柏子木(백자목), 果松(과송), 紅松(홍송), 新羅松(신라송), 海松(해송), 油松(유송), 五鬚松(오수송), 五葉松(오엽송), 五粒松(오립송), 松子松(송자송) 등 있으나 일반적으로는 백(柏)이라고 합니다.

오(五)자가 들어간 것은 잎이 한다발에 5장씩 나 있다는 데서 나온 이름이고 해송(海松)이라는 이름은, 당시 중국의 입장으로 본다면 해외(海外), 즉 외국에서 들어 온 소나무라는 뜻에서 붙인 이름입니다.

그리고 신라송(新羅松)이라는 말은 옛날에 신라의 사신과 상인들이 중국으로 갈 때 잣을 많이 가지고 가서 그것을 중국에서 좋은 값으로 팔았다는 데서 연유된 이름입니다.

당시 중국에서는 좋은 잣이 없어서 신라산 잣을 으뜸으로 쳤고, 많은 귀족들이 잣죽을 아침마다 별미로 즐겨 먹었는데 잣은 신선이 먹는 식품이라고 귀히 여겨 선물이나 진상품으로 이용되었습니다.

그때부터 우리나라 잣은 계속 중국으로 팔려 갔으며 조선 시대에도 명나라에 잣을 보낸 기록이 있습니다.

잣나무는 만주 지방과 우리나라 북부 고산지대에 많이 분포하는데 김삿갓이 금강산을 노래한 말 중에도 잣나무가 나오는 것을 보면 금강산도 잣나무가 많았고, 지금도 잣나무가 많이 있다고 생각합니다.

松松柏柏岩岩廻
水水山山虎虎寄
"빽빽한 소나무 울창한 잣나무, 많고 많은 바위들을 돌아드니
흐르는 물 높이 솟은 산봉우리, 곳곳마다 기이하고 신비롭구나"

이 시를 읽으니 금강산의 높은 봉우리, 잣과 소나무의 원시림, 기묘한 바위 그리고 그 사이를 흐르는 물소리가 들려오는 것만 같습니다.

사람이 듣는 여러 가지 소리 중에 가장 맑고 순수한 소리는 바로 물 흐르는 소리라고 생각합니다.

물소리 중에서도 깊은 산 계곡의 돌 사이를 흐르는 물소리는 너무 맑고 조화로워서 우리네 영혼 가장 깊은 곳까지 공명하는 진여의 소리입니다.

잣나무

이 신비에 가까울 정도로 청아한 소리를 들으러 나는 자주 계곡을 찾고 강을 찾고 산을 찾는 것입니다.

그러나 그런 물소리 중에서도 숲이 무성한 깊은 산 계곡을 흐르는 물소리는 더욱 내 영혼을 밝게 눈뜨게 해줍니다.

솔바람 소리와 그 사이를 날아드는 새소리마저 곁들여진다면 그야말로 잡것이라고는 하나도 없는 순수한 자연의 소리 바로 그것이 됩니다.

끈끈한 잣나무 송진 냄새가 풍기는 바람이 불어오는 편편한 바위에 걸터앉아 종일토록 흐르는 물을 보고 있어도 심심치가 않습니다.

김천 직지사 경내에도 황악산에서 흐르는 물을 끌어들여 도랑을 만들었는데 졸졸 소리를 내며 맑은 물이 흐르는 것이 여간 정겹지 않습니다.

그러나 그곳의 물은, 물길을 사람들이 인위적으로 만들어서 물을 끌어들였기 때문에, 물이 얼마나 빨리 흐르는지 그 물을 바라보고 있으면 세월도 그와 같이 빨리 흘러 가는 것만 같아 괜히 마음이 급해집니다.

역시 자연의 돌 사이로 흐르는 물이라야 물도 물다우며 그 소리도 순수하고 청아합니다.

대부분의 경우 잣나무와 소나무는 늘 함께 자라고 있는데 그 때문에 송무백열(松茂柏悅)이라는 말이 생겨났습니다.

소나무가 무성하니 그 옆에 선 잣나무가 기뻐한다는 뜻인데, 친구가 잘 되고 출세하는 것을 기뻐하고 축복해 준다는 말입니다.

사촌이 논을 사도 배를 앓는다는 요즘 세태에 비해, 너그러운 잣나무의 마음을 잘 나타내고 있는 말입니다.

잣나무는 소나뭇과에 속하는 상록 침엽 교목이며 높이 40m, 가슴 높이 부근의 지름이 1.5m에 이르는 거목입니다.

수피는 소나무가 붉은빛을 띠는데 반해 흑갈색이고 표피는 얇게 갈라지므로 무게가 있고 침착해 보이며 과연 소나무의 오라버니답습니다.

잘 익은 잣송이는 길이 12~15cm에 달하고 지름은 6~8cm 정도인데 한 송이 속에 80~90개의 맛있는 잣이 박혀 있습니다.

우리나라에 자생하는 잣나무의 품종은 잣나무, 눈잣나무, 섬잣나무의 3종이 있는데 주로 북부 고지대에 많으며 수령은 300~500년쯤 된다고 합니다.
 어떤 사람이 가게에 갔습니다.
 손으로 잣을 가리키며 "이거 뭐요?"하니 주인이 "자시요"하기에 잣을 실컷 먹고, 이번에는 갓을 가리키며 "이건 뭐요?"하니 "가시요"하기에 그냥 가버렸다 라는 이야기를 어릴 때 할아버지에게 들었습니다.
 별 것도 아닌 이 이야기가 그때에는 너무나 재미있고 우스워서 친구들에게도 해 주어 함께 웃고 좋아했던 생각이 납니다.
 아마 생활이 단조롭고 마음이 순수해서 그랬는지 모릅니다.
 같은 이야기를 우리 학교 학생들에게 해 주었더니 모두 별 것 아니라는 듯 무표정한 얼굴을 짓는 것을 보니 요즘 아이들도 어른들처럼 더 자극적인 이야기라야 간에 기별이 가나봅니다.
 똑똑해졌다고 좋아해야 할지 순수성을 잃었다고 슬퍼해야 할지 나로서는 잘 모를 일입니다.
 옛날에는 음력 정월 14일 밤 각자 자기 마음에 드는 잣을 12개씩 골라 조심스럽게 겉껍질을 까고 바늘이나 솔잎에 끼어 차례로 불을 붙여 새해 12달의 운세를 점쳐보며 서로들 좋아라 했습니다.
 잣에다 불을 붙이면, 잣알이 자박자박 소리를 내며 황황하게 광채를 내고 기름은 지글지글 끓고 희다 못해 푸른빛이 벌룽벌룽 바늘 위에서 춤을 춥니다.
 모두 숨을 죽이고 어느 잣이 가장 밝고 기운차게 잘 타는가 바라봅니다.
 가장 밝게 잣이 불타는 달에 신수가 좋아서 원하는 소망이 이루어지고, 가장 어둡게 불타는 달에 신수는 나쁘다고 하기 때문입니다.
 지금도 눈을 감으면 함께 잣불놀이를 하던 그때 그 시절의 순박한 사람들의 얼굴과 맑은 눈동자가 보이는 것만 같습니다.
 잣나무에 얽힌 고사는 많은데 신라 34대 효성왕(孝成王 재위 737~741)이 아직 임금으로 등극하기 전, 현량한 선비 신충(信忠)과 함께 대궐 뜰에 있는 커다란 잣나무 아래에서 곧잘 바둑을 두며 세월을 보냈습니다.
 어느 날 신충의 총명함과 인품에 감명을 받은 왕은, 신충에게 "내가 후일 등극하여 만일 그대를 잊는다면 이 잣나무와 같으리라."고 하였습니다.

신충은 즉시 일어나서 왕에게 감사의 배례(拜禮)를 하였습니다.
 그리고 나서 2개월 후, 효성왕은 즉위를 하였으며, 많은 공신들에게 상과 관직을 내렸습니다.
 그런데 왕은 그만 깜박 신충을 잊어버리고 상작(賞爵)의 대상에서 누락시키고 말았습니다.
 신충은 왕이 자기를 저버린데 대해 슬픔과 원망에 잠겨 시를 한 수 지어 잣나무에 붙여 놓았습니다.
 그랬더니 이상하게도 그때까지 싱싱하던 잣나무가 갑자기 누렇게 말라 들어 갔습니다.
 평소 아끼던 잣나무가 시드는 것을 본 효성왕이 이상스러워서 사람을 시켜 조사를 해보았더니 신충이 써 붙인 시를 발견했습니다.
 왕을 깜짝 놀랐습니다.
 "많은 정사에 바빠 하마터면 신충을 잊을 뻔했군."
하시며 곧 신충을 불러 작록을 주었더니 잣나무는 다시 싱싱하게 원기를 되찾았다 합니다.
 잣은 약으로도 좋은 효과가 있으며 자양, 강장의 효능이 커서 신체 허약, 마른기침하는데, 폐결핵, 머리 어지러운 증세, 변비 등에 탁월한 효과가 있습니다.
 그러므로 잣죽은 보통 사람이 먹을 수 없는 귀한 보양제이며, 중병을 앓은 사람의 병후 회복이나 환자의 원기 회복에 쓰여 왔고, 그밖의 수정과나 식혜에도 잣을 띄우고 약식에 얹어 먹기도 하며 신선로에도 넣어서 먹었습니다.
 요사이는 제과용으로도 많이 쓰이게 되어 잣의 소비량은 해마다 늘어만 갑니다.
 번식은 12월에 채취한 열매를 노지 매장하였다가 다음해 봄 묘상에 파종해서 묘목을 얻습니다.
 잣나무의 목재는 매우 아름답고 재질이 가벼우며 향기가 좋습니다.
 뿐만 아니라 가공이 용의해서 고급 건축재, 판재(板材), 기구재, 관재(棺材) 등으로 높이 상승되고 있습니다.

34
전나무
(젓나무)

오대산 월정사를 처음 찾는 사람은 절도 절이지만 절 입구에 빽빽이 들어선 아름드리 전나무 원시림에 우선 깊은 감명을 받게 될 것입니다.

하늘을 찌를 듯한 전나무의 거목들이 월정사 입구를 흐르는 월정천 가로 쭉쭉 높이 치닫고 있는 것을 보면 누구라도 온몸에 힘이 저절로 나고, 두 손에 주먹이 불끈불끈 쥐어질 겁니다.

전나무는 우리나라 원산인데, 우리나라 외에도 만주, 일본, 유럽 등 세계 여러 곳에 넓게 분포되어 있는 상록수입니다.

표고 100~150m 정도가 되는 비교적 높은 곳에서 잘 자라고, 추위에는 매우 강합니다.

소나뭇과에 속하는 상록 교목인 이 나무는 높이 약 40m, 지름 약 1.5m가 되는 거목도 있으며, 수령도 약 300년 정도나 된다고 합니다.

껍질은 잿빛 또는 암갈색이고 표피가 매우 거친 것이 특색입니다.

월정사 숲속을 거닐어 보면, 아마도 그 옛날, 이 전나무를 베어서 그 곳에 월정사를 지은 것이 아닌가 하는 추측을 해 보게 될 겁니다.

월정사(月精寺)는 강원도 평창군 진부면 오대산(五臺山)에 있는 절인데, 오대산(五臺山)이라는 산은 원래 중국 산서성 대주 오대현에 있는 산 이름입니다.

그 산에는 동, 서, 남, 북, 중앙에 다섯 봉우리가 높이 솟아 있고, 그 봉우리 꼭대기에는 나무가 없으며 붉은 흙이 마치 대(臺)를 이룬 듯이 노출되어 있는데, 이것을 보고 마치 다섯 개의 대가 있는 것처럼 보인다고 오대산이라고 이름을 지었다 합니다.

우리나라 강원도 평창에 있는 오대산도 다섯 봉우리가 솟은 것이 중국의 오대산과 흡사하다고 해서 오대산이라고 이름을 지었다고 합니다.

그 오대산에 부처님의 진신사리(眞身舍利)를 모신 적멸보궁(寂滅寶宮)이 있습니다.

즉, 석가모니 부처님의 몸이 바로 그곳에 계신다는 겁니다.

강원도의 산세는 힘이 있고 명산도 많으며, 곳곳마다 치솟은 기암 절벽을 바라보면 정묘 무비한 조화의 미에 감격하고 감탄할 따름입니다.

그리고 그러한 산들을 더욱 품위 있고 돋보이게 하는 것은 수없이 많이 들어선 여러 가지 나무들입니다.

 잔재주를 부리지 않고 외대로만 힘차게 높이 높이 하늘로 뛰어 올라간 전나무는, 더욱 경관을 웅장하게 꾸며 주며 굽이굽이 돌아드는 계곡과 어울려 좋은 대조를 이룹니다.

 아름드리 전나무에 기대 서서 그 가물가물한 꼭대기를 바라보면, 전나무 높은 가지 끝으로 구름이 흘러가고 파아란 하늘이 걸려 있습니다.

 한참을 응시하면 온 천지가 기대 선 전나무를 중심으로 돌고 도는 듯이 느껴집니다.

 바로 그 전나무가 우주의 중심축인양, 다른 모든 것들이 그 주위를 맴돌고 있는 듯합니다.

 깊이 땅속에 뿌리를 박고 늠름하고 씩씩하게 서 있는 거구의 전나무는 힘센 장수나 역사(力士)와도 같습니다.

 이러한 전나무 원시림 속에 묻혀 있는 월정사 입구에는, 그 큰 전나무라도 단숨에 뛰어넘을 듯이 온 몸에 힘이 철철 넘쳐흐르는 12지신상(12支神像)의 그림이 아름다운 색채로 잘 그려져 있습니다.

 12간지(12干支)를 상징하는 수면인신상(獸面人身像)이 정교한 솜씨로 목판 위에 잘 그려져 있습니다.

 12지의 개념은 멀리 고대 은(殷)나라 때에 비롯된 것이며, 이를 방위(方位)나 시간에 대응시킨 것은 한대(漢代) 중엽 때 일로 추정됩니다.

 그리고 다시 이것을 子丑寅卯辰巳午未申酉戌亥 등 12동물과 대응시킨 것은 그로부터도 훨씬 뒤 불교 사상의 영향으로 생긴 것이라고 합니다.

 12간지에서 12마리의 동물 중 가장 작은 쥐가 어째서 제일 먼저이고 다음이 소, 호랑이 등인가 하는 문제에 대해서는 정확한 정설은 모르겠으나, 내가 중학교 다닐 시절 어느 사랑방에서 한 노인으로부터 다음과 같은 재미있는 이야기를 들은 바 있습니다.

 옛날 옛날 아주 옛날에는 모든 동물들에게 지금처럼 부드러운 털이 없었습니다. 그래서 모든 동물들은 겨울만 다가오면 그 매서운 추위의 고통을 해마다 겪어야 했습니다. 그래서 어느 해 가을, 온 천지의 동물들은 모두 입을 모아 조물주에게 겨울을 따뜻하게 날 수 있는 월동 대책을 세워 달라고 진정을 했습니다. 그 말을 들은 조물주는 한참 생각 끝에, 그 진정이 일리 있다고 판단하고 모월 모일 모시에 조물주 창고 앞으로 와서 선착순으로 털 배급을 받아 가라고 말씀하였습니다. 그래서 모든 동물들은 그 날이 오기만을 기다리면서 기대에 부풀어 있었습니다.

시간은 흘러 드디어 그날이 되었습니다. 늘 신중하기로 이름난 소가 때를 놓치지 않고 털 배급을 받으러 조물주 창고를 향해서 달려가려고 준비를 하였습니다. 그때 그 옆에 있던 쥐가 자기 걸음으로는 도저히 소를 따를 수 없을 것 같아서 냉큼 소 등에 올라탔습니다. 그리고 달리는 소 등에서 잘 버티고 있다가 소가 창고 앞에 당도하자 재빨리 뛰어내려 맨 앞에 서게 되었습니다. 그리하여 쥐가 제일 먼저 털 배급을 받고 다음이 소, 그 다음이 호랑이 등등 계속 달려온 순서대로 동물들은 모두 온 몸에 100% 따뜻한 털 배급을 받아서 걱정없이 겨울을 나게 되었습니다. 그러나 깔끔하기로 유명한 뱀과 용은 창고 앞까지 오기는 왔으나 털을 보는 순간 지저분하다는 생각이 들어서 스스로 권리를 포기하였습니다. 그래서 뱀과 용은 지금까지 몸에 털이 없는 것이랍니다.

그때 사람은 후미진 바위 틈에서 남녀가 서로 만나 정겨운 사랑이야기로 시간이 가는 줄도 모르고 있다가 깜박 털 배급 받는 일을 잊었습니다. 해가 질 무렵 밖에 나와 보니 모든 동물들이 푹신한 털 배급을 받아 만족해 하는 것을 보고 즉시 조물주 창고 앞으로 달려갔습니다. 조물주께서는 모든 일을 마치고 창고 문을 막 닫으려는 순간이었습니다. 그리고 늦게 온 사람을 보고, 이미 시간이 넘었을 뿐만 아니라 모든 동물들에게 털을 다 주어 버려 재고가 없어서 사람에게는 털을 줄 수 없다고 하였습니다. 그말을 듣고 남자는 고개를 떨구고 늦게 온 것을 후회하며 물러서려고 했습니다. 그러나 여자는 조물주를 보고 강력하게 항의를 하였습니다. 늦게 오거나 말거나 몫은 있어야 하고, 늦게 와도 몫은 남겨두어야 할 것 아니냐고 마구 말을 많이 하였습니다. 마음씨 너그러우신 조물주는 여자의 말을 듣고, '그렇다면 잠시 기다려 봐라.' 하시고 창고 안을 뒤져 구석에 조금 남은 털을 갖고 왔습니다. 그리고 그 털의 양이 너무 작아서 사람에게는 100% 털을 못주고 신체의 가장 중요한 곳에만 조금씩 털을 붙여 주었는데, 그때 말을 많이 하는 여자가 얄미워서 여자의 입 언저리에는 털을 붙여주지 않았으므로, 여자에게는 지금까지 수염이 없다고 합니다. 그때 만일 조물주께서 여자의 입 언저리에도 털을 붙여 주었다면 지금 나는 수염 달린 마누라와 함께 살아야 하겠는데, 수염 달린 여자……. 그 생각을 하기만 해도 소름끼치는 일입니다. 그리고 그때 갖고 온 털은 다른 동물들이 모두 골라가고 남은 찌꺼기 털이고 못쓰고 상한 것이어서 사람의 털만은 나이를 먹으면 색이 변하는 저질의 것이라고 합니다.

아무튼 이와 같이 해서 12간지의 순서가 이루어졌다고 하며, 그후로부터 이 12간지상은 12방향의 수호신으로 일반화되었고, 그 흔적은 많은 곳에서 찾아볼 수가 있습니다.

경주에 있는 김유신 장군 묘의 지석에서나 선덕여왕릉에도 이 12간지상이 부조(浮彫)로 잘 새겨져 있습니다.

그러나 목판 위에 채색화로 그려놓은 곳은 아주 희귀합니다.

전나무는 맹아력이 약하므로 전지를 못하며, 공해에 매우 약해서 혼탁한 도심에서는 잘 자라지 않습니다.

도도하고 고결하며 더러움을 싫어하는 전나무의 높고 자유로운 성품을 잘 나타내는 듯합니다.

재목은 건축용, 가구 제작용, 제지용 펄프 등 다각도로 쓰이고, 옛날에는 궁궐, 사찰, 관아, 향교, 정자 등 큰 건물의 기둥 대들보 등에 없어서는 안 될 중요한 건축 자재였습니다.

곧고 굳은 전나무의 마음처럼 우리도 늘 한결같이 바르고 푸르고 씩씩하게 한세상 잘 살았으면 하는 생각입니다.

35
종려나무

　매서운 추위와 칼바람이 멋대로 횡포를 부리는 겨울은 정말로 침울하고 가슴이 답답합니다.
　그러나 추위를 무시하고, 눈바람도 아랑곳하지 않으며 태연히 서 있는 겨울나무를 바라볼 때, 그래도 좀 덜 답답하고 좀더 덜 쓸쓸해집니다.
　실오라기 하나 걸치지 않은 채 눈보라 속에서 갖은 고통을 감당하는 그들의 모습을 바라볼 때 한없는 위안을 받게 됩니다.
　따뜻한 방안에서 더운 차를 마시며, 유리창으로 내다 보이는 추운 겨울이 마치 나와는 아무 상관없는 딴 세상인 듯 내게 불만이란 있을 수 없는 것입니다.
　날씨가 춥다고 두툼한 옷을 껴입고, 그래도 춥다고 난로 가로만 맴돌다가도 의젓하게 서 있는 나목(裸木)들을 바라보면 왠지 부끄러워져서 그만 슬그머니 자리로 돌아갑니다.
　겨울 나무들은 모자 한 개, 옷 한 벌, 목도리 한 장…… 아무것도 가진 것이 없어도 겨울 비, 찬바람, 눈보라 속에 의연히 버티며 조금도 흐트러지지 않습니다.
　그 모진 고통 속에서도 겉으로 보기엔 죽은 듯이 가만히 있지만 그들의 내부에서는 너무도 힘차고 강한 생명의 흐름이 쉬지 않고 숨쉬고 있는 것입니다.

그래서 겨울 나무는 눈 속에 앉아 뼈를 깎는 듯한 고행을 감당하는 숭고한 선승(禪僧)과도 같습니다. 자기의 모든 것을 보이면서도 한점 부끄러움이 없는 당당한 성자입니다.

 나는 겨울 여행도 좋아합니다.

 긴 겨울 방학을 이용해서 찾는 고사찰이나 명승지는 시끄러운 관광객들의 발길이 뜸해서, 봄 여름과는 달리 소란하고 문란한 유흥의 장소가 아니라 엄숙하고 조용한 성역이며 조상들이 남긴 발자취를 바로 볼 수 있고, 또한 그분들의 마음을 배울 수 있는 경건한 도장이기도 하기 때문입니다.

 그리고 그 곳 문화재가 갖는 진정한 가치를 바로 볼 수 있고 조용한 가운데 그 속에 흐르는 맥을 바로 찾고 바로 구경할 수 있기 때문입니다.

 그런 여행길에서, 나는 지금으로부터 약 30여 년 전, 눈 쌓인 산야와 겨울산의 나목을 바라보며 멀리 반도 남쪽에 있는 마산에 간 일이 있었습니다.

 바다 냄새가 물씬 나는 마산은 남쪽 나라답게 눈도 구경할 수 없고 바람은 세차게 불어도 내륙 지방과 달리 칼바람이 아니었습니다.

 무엇보다 가장 인상 깊었던 것은 가로수로 심긴 푸른 종려나무였습니다.

 내륙 지방의 모든 나무들이 추운 겨울바람에 알몸으로 오들오들 떨고만 있는데, 종려나무는 푹신하고 따뜻한 털옷을 입고 추위 따위는 아랑곳하지 않는 듯 푸르름을 자랑하고 있었기 때문이었습니다.

 지금은 해외 여행이 자유로워져서 어디라도 원하는 곳은 마음대로 갈 수 있고, 열대 식물이 무성한 나라도 마음대로 구경할 수 있지만 그때만 해도 해외 여행은 일부 특수층에게만 허용되던 때라, 열대 식물인 종려나무 가로수를 마산에서 처음보니 우리나라가 아닌 다른 나라에 간 것만 같은 야릇한 이국 정취를 느꼈습니다.

 물론 제주도에도 종려나무 가로수가 마산에 있는 것보다 더 크게 자라고 있지만 나는 그때까지 제주도에 가보지 않았기 때문입니다.

 선암 산악 회장을 역임하던 나는 전국 어디든 안간 데가 없었어도 제주도만은 고의로 가지 않았습니다.

종려나무

그것은 제주도가 미워서도 싫어서도가 아니라, 가볼 곳을 다 가버리면 나중에 갈 곳이 없어진다고 아껴두기 위해서입니다.

그리하여 회갑 때, 회갑 기념 여행을 하려고 가장 가보고 싶은 곳이었지만 안가고 남겨둔 곳이었습니다.

우리가 젊은 시절에는 결혼 당시 신혼 여행이라는 것이 별로 없었습니다. 그래서 결혼 때 못간 신혼 여행을 회갑 때 구혼 여행 갈 곳으로 제주도 여행만은 많은 유혹을 물리치고 고이 남겨둔 것이었습니다.

지나간 신미년, 하릴없이 나이만 먹어 60갑자의 한 주기를 살았다는 회갑이 다가왔습니다.

우리 부부는 자식들이 마련해주는 대로 제주도 여행을 떠났습니다.

평생 비행기 한 번 타보지 못한 연로하신 장모님도 함께 모시고 가서 제주의 특급호텔이라는 '모수'호텔 특실에서 장모님을 모시고 오랫동안 가고 싶던 제주도 구혼 여행을 하였습니다.

제주시와 서귀포시에 심긴 종려나무의 가로수는 사진으로 보던 것보다 키도 더 크고 둥치도 더 굵었습니다.

신혼 부부 사이에 끼여 우리 구혼 부부는 종려나무 아래에서 여러 장의 기념 사진을 찍었습니다.

야자나뭇과에 속하는 나무는 모두 2500여 종이나 되는데, 그 중에서 가장 추위에 견디는 힘이 강한 것이 바로 종려나무입니다.

종려나무는 가로수로 정말 좋은 나무이며 제주도를 더욱 돋보이게 꾸며주는 고마운 나무입니다.

높이는 3~8m 내외로 자라고 줄기 끝에 잎이 사방으로 달리는데, 커다란 잎은 단단한 혁질(革質)이어서 손에 닿는 촉감이 무척 빳빳합니다.

잎 하나는 보통 지름 70~80cm 정도로 크며 많은 손가락을 가진 손바닥 모양입니다.

그리고 손가락은 중앙까지 깊게 갈라져서 마치 커다란 부챗살과도 같이 사방으로 골고루 펴져 있습니다.

암수딴그루이며, 여름철에 잎 사이에서 굵은 꽃줄기가 나와 대나무 껍질 모양의 포(苞)에 싸인 수상화서(穗狀花序)에서 황백색의 꽃이 달립니다. 암나무에는 지름 1㎝ 가량의 둥근 육과(肉果)가 달리고 11월에 흑청색으로 익습니다.

잎자루의 기부가 자람에 따라 삼각형으로 넓어져서 줄기를 감싸는데 이 부분의 섬유를 종려털이라고 합니다.

종려털로 몸을 보호하고 있기 때문에 종려나무는 겨울 추위에도 잘 견디고 또 보기에도 털옷을 입은 듯해서 따뜻해 보입니다.

종려털은 내습성(耐濕性)이 있으므로 인공 섬유가 발견되기 이전에는 새끼, 수세미, 매트, 빗자루 제조용으로 많이 이용되었습니다.

일본, 중국 원산으로 널리 분포된 이 식물은 우리나라에 해류를 타고 표류해 와서 정착된 것이 아닌가 생각됩니다.

우리나라에서 노지 월동이 가능한 열대 식물은 몇 가지 되지 않는데, 그중에서 대표격인 이 종려나무는 우리의 정서 생활에 많은 도움을 주는 귀중한 나무입니다.

지금 우리는 우리의 국력이 신장되어, 적도 바로 밑 열사의 건설 공사장에서부터 남극의 혹한 속까지 한국 사람이 가지 않는 곳이 없습니다.

어떤 기후적 악조건하에서도 한국 사람이 잘 견딜 수 있는 것은 우리나라의 기후가 북극의 추위를 방불케 하는 모진 겨울 추위도 있고, 적도의 뜨거움을 능가하는 여름철의 따가운 더위도 있기 때문이라고 생각합니다.

그리고 열대의 종려나무와 북극의 눈보라를 함께 보고 느끼며 오랜 세월 동안 살아왔기 때문이라고 생각합니다.

우리와 함께 살며 우리에게 남국(南國)의 꿈을 가슴 깊이 심어준 이 다정한 종려나무, 더욱 아끼고 사랑해야 한다고 생각합니다.

36
주 목

　한가하고 외로울 때는 나는 곧잘 혼자서 산이나 큰 나무를 찾아갑니다.
　산에는 봉우리며 깊이 주름잡힌 골짜기며 울창한 숲이며 계곡을 흐르는 맑은 물 그리고 묵직한 바위들이 모두 알맞은 제자리에 잘 놓여져서 한치의 흐트러짐 없이 아름다운 조화를 이루고 있기 때문입니다.
　푸른 나뭇잎 사이로 어쩌다 고찰의 산문이라도 빠끔히 보일라치면 하늘 가득히 넘쳐흐르는 햇빛은 사방의 호호(浩浩)한 대기 속에 생기를 불어넣어, 나의 텅 빈 마음속에까지 한없는 기쁨을 안겨줍니다.
　하찮은 삶의 몸부림 따위는 귓전을 잠깐 스치고 가는 바람이 아닌가.
　어디서 와서 어디로 가는지 한량없는 시공(時空)속에, 팔딱이는 작은 목숨 하나!
　백년도 못사는 주제에, 천년의 걱정은 왜 앞당겨서 해!
　산의 적막은 오히려 가슴 깊이 사무쳐 외로움과 그리움은 커다란 해탈의 기쁨으로 화합니다.
　큰 나무 밑에 팔베개를 하고 벌렁 누워 위를 쳐다보면 벌써 마음은 파란 하늘만큼이나 맑고 푸르러서 한 점 티없는 상념을 안고 돌아올 수 있습니다.
　특히 내가 잘 찾는 명산은 소백산입니다.
　이른봄, 철쭉이 필 때부터 겨울의 흰눈 속에 오묘한 설화가 온 소백을 덮을 때까지 1년에도 여러 번 소백산을 다녀왔습니다.

내가 주목을 처음 봤고 또 주목에 매료된 곳도 바로 그 소백산에서였습니다.

행정 구역으로는 어디인지 잘 알 수 없으나 소백산 상상봉인 천왕봉 못 미처에 일년 내내 바람이 너무 세차게 불어 나무가 자라지 않는 초원이 수십만 평이나 있습니다.

그곳은 마치 사람의 대머리처럼 훌렁 벗겨졌다고 속칭 '민배기재'라고 부릅니다.

바로 그 민배기재 부근, 초원과 연결된 곳에 수백 년 묵은 주목의 군락지가 있습니다.

짙은 녹색의 푸른 잎도 장관이지만 백색으로 표백된 기기 묘묘한 녹각은 보는 이의 넋을 뺄 정도로 신비롭습니다.

주목은 소백산 외에도 태백산, 오대산, 설악산, 금강산 그리고 울릉도와 북한의 고산 지대에도 자라고 있습니다.

옛날에 김삿갓(金笠)이 금강산 구경을 가서 녹각을 보고 지은 시 중에 다음과 같은 구절이 생각납니다.

秋雲萬里魚麟白
枯木千年鹿角高
"천만리 멀리 덮인 가을 하늘의 구름은 고기의 흰 비늘과 같고
천년이나 됨직한 해묵은 녹각은 우뚝 솟아 높기도 하도다."

김삿갓이 본 금강산의 녹각이, 주목의 녹각인지 아닌지는 알 수 없어도 만고 풍류객의 눈에, 한(1回) 생명 다 살고 다시 영원한 생명을 얻은 녹각이 안 보일 턱이 없었을 것입니다.

소백산의 주목 군락지는 능선의 서쪽에만 편재되어 있는데, 지금은 천연기념물 244호로 지정되었고, 또한 각 영림서에서는 주목 대장을 만들어서 잘 보호하고 있다고 하니 무척 다행스러운 일입니다.

주목은 목질부의 색이 다른 어떤 나무보다 특별히 붉고 재질이 좋으며

36 • 주목   185

주목

또한 향기가 있어서, 한때 도벌꾼들이 주목의 녹각을 잘라 연필을 만들었는데 지금은 이렇게 잘 보호하고 있으니 무척 다행한 일입니다.

소백산 주목 군락지 중앙쯤에 작은 샘이 하나 있는데, 이 샘 주변에는 우리나라 특산인 '모대미풀'의 군총지가 있습니다.

소백산은 아침 저녁으로 등산하는 마을 가까이의 야산과는 다릅니다.

혹시 이 글을 읽고 만용을 부려 '모대미풀'을 찾는다고 함부로 숲속에 뛰어들면 예기치 않은 위험에 부딪칠지도 모르고 생명을 잃거나 불구가 될 위험도 있습니다.

주목은 주목과에 속하는 상록 교목입니다.

대표적인 고산 식물이며 높이 20m, 지름 1m에 달하는 거목이 됩니다만 어릴 때의 생장이 무척 느립니다.

어린 묘목을 정원에 심고 10년을 공들여 키워도 심을 때보다 별로 더 크지 않는 이상한 나무입니다.

7~80년을 키워도 키는 불과 10m를 넘지 못하고 줄기의 지름은 20cm 정도밖에 되지 않습니다.

그러므로 주목은 어릴 때 늘 다른 나무 아래에서 살아야 하므로 음지에서 자라는 힘을 갖고 있습니다.

주목의 잎이 다른 나무의 잎보다 유난히 짙고 푸른 것도 큰 나무 밑에서 살기 위해서는 다른 나무에 가리어 잘 받기 어려운 햇빛을 조금도 남김없이 몽땅 받고 흡수하기 위해서 엽록소가 더 발달하고 진해진 것이 아닌가 생각합니다.

이 진하고 푸르고 푸른 잎 때문에 주목은 가장 아낌을 받는 정원수가 되었는지도 모릅니다.

잎뿐만 아니라 가을에 익는 붉은 열매는 한가운데가 움푹 파인 독특한 생김새입니다.

그리고 다즙질인 연한 열매살(果肉)에 둘러싸여 있고, 과육은 단맛이 있어서 아이들이 즐겨 따 먹습니다.

그러나 그 속에는 약한 독이 있어서 많이 먹으면 설사를 하게 됩니다.

주목의 가지와 잎을 약으로 쓰고, 생약 이름은 주목(朱木), 적백송(赤

柏松)입니다. 가을에 채취하여 그늘에 말려 약으로 쓰는데, 약효는 이뇨 작용, 지갈, 통경 효과가 있고 혈당을 낮추는 구실을 하므로, 오줌이 잘 나오지 않는 증세, 신장염, 부종, 월경 불순, 당뇨병 등에 1회에 말린 약재를 3~8g 정도를 200cc의 물로 잘 달여서 먹거나 잎을 생즙으로 내어서 복용합니다.

비자나무와 비슷하게 생긴 잎은 비자나무보다 더 좁고 부드럽습니다.

이 나무를 주목이라고 부르는 이유는 목질의 색이 곱고 붉은색이므로 붉을 주(朱)자를 써서 주목(朱木)이라고 한 것입니다.

내가 근무하는 학교가 새 청사를 지어 이제 곧 교외로 이전을 하게 되는데, 신축 공사 환경 미화를 위해 이 최고급 수종인 주목을 심게 되어 무척 마음이 흐뭇합니다.

멀고 험한 소백산 꼭대기까지 안 가도 매일 주목과 함께 생활할 수 있다고 생각하니 마음은 벌써 주목 곁에 가 있습니다.

37
쥐똥나무

산이 많은 안동 지방에는 넓은 평야가 없고, 낙동강 강변을 따라 논과 밭을 일구어 농사를 지어 왔습니다.

그런 산간 지방에서 풍산 들은 무척 넓어 안동 사람들은 풍산 평야라고 부르고 있는데, 그 풍산 평야에 우리 밭이 있었습니다.

둑이 없던 옛날에는 일년에도 몇 번씩 낙동강이 범람하므로 비옥한 퇴적토가 많이 쌓여 풍산 들에는 온갖 곡식이 잘 되었고 특히 풍산 무는 전국에서도 알아주는 좋은 품질의 무였습니다.

넓은 들판에는 밭 경계를 알 수 있는 아무런 목표물이 없으므로 우리 밭과 이웃집 밭의 경계를 알기 위해 우리 할아버지는 쥐똥나무를 심었습니다.

쥐똥나무, 참 이상한 이름입니다.

국민학교 다니던 그 당시에 나는 밭에 갈 때마다 쥐똥나무를 바라보고 왜 쥐똥나무인가 하고 그 나무 곁에 가서 신기하게 바라보곤 했습니다.

나무가 커지면 밭에서 자라는 작물 생장에 지장이 있다고 해마다 죽지 않을 정도로 많이 자르는데도 쥐똥나무는 굴하지 않고 매년 어김없이 푸른 잎을 피우며 희고 작은 꽃도 계속 피웠습니다.

지금은 그 밭을 팔았고 또 풍산 들도 경지 정리를 하는 바람에 쥐똥나무도 불도저 앞에 무참히 일생을 마쳤으리라 생각합니다.

밭의 경계를 정하기 위해서 심는 이 나무를 더러는 '자나무'라고 하였습니다.

물푸레나뭇과에 속하는 낙엽 활엽 관목인 이 나무는 전국의 모든 계곡과 습기가 있는 산기슭 또는 들판 어디서라도 흔히 볼 수 있는 순수한 우리의 나무입니다.

자라나는 대로 키우면 수고 3m, 수관폭 약 3m에 달하며 잔가지가 많은 아담한 나무입니다.

생장 속도도 빠르고 내한성, 내조성도 어느 나무에 못지 않을 뿐만 아니라 공해에 대한 저항력도 무척 강하며 토질을 가리지 않고 아무데서나 잘 자랍니다.

이식도 용이하고 키우기도 쉬워서, 그냥 방치해 두어도 죽는 법이 없으므로, 별로 신경 안 쓰는 천한 나무 취급을 받아 왔습니다.

긴 타원형인 잎은 가지에 마주 나고 길이 2~7cm, 넓이 7~25mm로서 잎 가에 톱니가 없고 부드러우며 정감이 갑니다.

작은 나무이긴 하지만 잎이 무성해서 여름철에는 울창해 완전히 시야를 차단하므로 생울타리로 많이 이용합니다.

안동에서 대구로 가는 국도 변에도 쥐똥나무 생울타리가 있습니다.

일직국민학교 앞에서 일직파출소 사이에 도로 양변에 잘 손질된 쥐똥나무 생울타리가 있는데 푸른 나무를 보는 것은 기분 좋은 일이지만 너무 울창해서 운전자의 시야가 가려져 멀리 보이지 않는 것이 유감입니다.

꽃은 암수 한그루로 5~6월에, 당년에 새로 자란 햇가지 끝에 뭉쳐서 피고, 색은 흰색이며 짙은 향기가 오래도록 납니다.

열매는 길이가 7~8mm이며 10월에 익는데, 검은색인 이 열매가 마치 쥐똥과 같이 생겼다고 나무 이름을 쥐똥나무라고 지었답니다.

많은 동물들 중에 쥐만큼 사람을 괴롭히는 동물은 없을 것 같습니다.

가구나 건물을 갉아서 못쓰게 만들고 음식물을 도둑질해 가고 나쁜 병균을 옮기는 등 그 해는 이루 말할 수가 없습니다.

특히 한옥 천장 위에 올라가서 바스락 바스락 갉을 때는 잠을 잘 수 없고 온갖 신경이 곤두서서 짜증만 나게 하므로 무슨 수단을 써서라도 쥐를 꼭 잡고 싶은 생각만 듭니다.

내가 사는 집 천장에도 밤이면 어디서 오는지 쥐들이 몰려와서 갉아대는데 무척 괴로운 일입니다.

서울에는 초음파를 발생하여 쥐를 쫓는 기계가 있다는 말을 들었기에 서울 사는 여동생에게 하나 사달라고 부탁을 하였지만 일년이 지나도 아직 감감 소식이 없고, 그후에도 밤마다 쥐소리에 시달리다보니 이제는 집을 뜯고 양옥으로 지을까 아니면 새장 같은 아파트로 이사를 갈까 하는 생각마저 하고 사는 실정입니다.

쥐는 지능도 높아서 둥우리에 있는 계란까지도 훔쳐 갑니다.

우리 어머니가 목격한 일인데, 두마리의 쥐가 한조가 되어 한마리가 계란을 안고 누우면 다른 한마리가 계란을 안은 쥐의 꼬리를 물고 달아나서 안전지대에 다다르면 깨어 먹는 다는 겁니다.
　수해를 만나 물을 건널 때면 어미쥐 꼬리를 새끼쥐가 입으로 물고 매달려서 어미쥐가 헤엄치는 대로 따라 강을 건너가기도 합니다.
　쥐의 피해는 옛날에도 심했으며 《시경(詩經)》 속에 다음과 같은 글이 나옵니다.

　　碩鼠碩鼠 無食我黍 三歲貫女莫我肯顧 逝將去女 適彼樂土
　　쥐야 쥐야 요놈의 큰쥐야
　　우리집 기장을 그만 먹어라
　　3년을 두고 성화였는데
　　그래도 날 좀 못봐주겠니
　　또 그러면 이젠 널 버리고
　　즐거운 저 땅으로 가버리련다.

　이 시의 작자도 나처럼 어지간히 쥐에게 시달림을 받은 것 같습니다.
　쥐 없는 낙토를 찾아간다고 했는데 어디를 간들 쥐 없는 곳이 있겠습니까? 사람이 가는 곳이면 쥐가 먼저 알고 미리 가서 기다릴텐데 쥐를 피해 간다니 정말 우스운 일입니다.
　이와 같이 얄미운 쥐가 어째서 12간지에 제일 먼저 나오는 동물이 되었으며, 또한 《약사경(藥師經)》을 외우는 불교인을 지켜주는 12지신(12支神) 속에도 당당히 끼었는지 잘 알 수가 없습니다.
　경주 원원사지(遠願寺址)에 있는 3층 석탑에나, 오대산 월정사 남쪽 건물 벽화, 혹은 김유신 장군 묘, 진덕여왕릉 등 많은 능묘의 호석(護石)에 무기를 들고 천의(天衣)를 입은 쥐가 제일 먼저 나타나고 있는 것을 보고 늘 왜 이런 곳에도 쥐가 끼게 되었는지 의아하게 생각해 왔습니다.
　《사기(史記)》 율서(律書)에 의하면 쥐를 다음과 같은 말로 설명하고 있습니다.

　　子者繁也 萬物繁於下也

쥐는 번성을 상징하는 동물이다. 만물은 모두 아래서부터 번성해 간다.

아마도 쥐가 새끼를 많이 치고 빠른 속도로 번식을 잘 하므로, 자손 번영을 중하게 여기던 옛 사람들의 생각으로는, 얄미운 쥐지만 그 왕성한 쥐의 생식 능력만은 흠모한 나머지 쥐를 12간지에 넣은 것이 아닐까 생각할 따름입니다.

북부 유럽 아일랜드와 도네가르 지방 여러 섬에 사는 쥐들은 먹이를 찾아서 바닷가로도 잘 몰려 나갑니다.

썰물 때를 틈타서 쥐들은 물이 빠진 바닷속을 멀리까지 기어 가는데, 그때 그곳에는 커다란 조개들이 입을 반쯤 벌리고 쥐가 오기만을 기다리고 있습니다.

쥐들은 조개를 발견하자, 이것 참 좋은 먹이가 있구나! 하면서 입을 조개 속에 넣고 조갯살을 물어 뜯으려고 하는데, 그 순간 조개는 쥐의 주둥이를 꽉 물고 밀물이 다가올 때까지 버팁니다.

그리하여 물이 차 들어오면 쥐는 질식해 죽고, 드디어 조개의 밥이 되고 만답니다.

쥐똥나무 열매를 수랍과(水蠟果)라고 하며 한약재로 쓰는데 털쥐똥나무, 왕쥐똥나무, 청쥐똥나무 등의 열매도 함께 쓰이고 있습니다.

가을에 잘 익은 열매를 따서 햇볕에 잘 말려 쓰는데 열매 속에는 배당체인 이보틴(Ibotin)과 세로틱산(Cerotic acid)을 포함하고 있어서 강장, 지혈, 지한(止汗)의 효능이 있으므로 신체 허약, 유정(遺精), 식은땀, 토혈, 혈변 등의 약으로 씁니다.

말린 약재를 1회에 3~5g 씩 200cc 정도의 물로 잘 달여서 복용합니다. 또한 약재를 10배 양의 소주에 담가 5개월 정도 묵힌 것을 수랍주(水蠟酒)라고 하는데, 이는 강장과 강정에 효과가 있으며 피로 회복에도 도움이 됩니다.

이때 꿀이나 설탕을 넣어 맛을 조절해도 좋습니다.

번식은 종자를 채취해서 땅에 묻어 두었다가 다음해 봄에 파종하면 한꺼번에 많은 묘목을 얻을 수 있고, 포기나누기, 꺾꽂이 모두 가능합니다.

꺾꽂이는 봄과 여름이 적기입니다.

38
차나무

아주 흔한 일들을 우리는 일상다반사라고 하는데, 이 말이 나올 정도로 차를 마시는 일은 오랜 기간 동안 특별하게 의식되지 않고 차를 마셔 왔다는 것을 뜻합니다.

차가 인체에 미치는 보건 효과에 대해서 여러 가지로 논의되기 시작한 것은 최근의 일이고, 고대 사회에 있어서는 그런 것에는 별로 상관없이 귀족이나 승려 등 한정된 사람들만이 마셨던 귀중한 음료이자 불로장생의 선약이었습니다.

차는 차나뭇과에 속하는 차나무의 어린 잎을 따서 특별히 가공한 것을 말하는데, 차나무의 원산지는 양자강, 주강(珠江), 메콩강, 살원강, 이라오디강 등의 연안 지대이며 이들 지방에서는 지금도 자생하는 차나무를 흔히 볼 수 있습니다.

그런데 위의 강은 모두 티벳과 사천성 경계의 산악지대에서 그 수원(水源)이 시작되므로, 그 수원(水源) 지역이 정확한 차나무의 원산지라고 추정합니다.

차의 역사가 가장 오래된 나라는 중국이며, 중국에서는 주나라 시대(BC 771~122)부터 차를 마셨다고 하며, 한나라 시대(BC 200~AD 200)에는 이미 차나무의 재배가 이루어졌고, 차의 제조도 본격적으로 시작되었다고 합니다.

당나라 시대에는 단차(brick tea)가 쓰였는데, 이것은 차 잎을 쪄서 절구에 찧은 다음 틀에 넣고 일정한 형으로 만든 것이며, 마실 때는 이것을 뜯어 넣고 달여서 마셨다고 합니다.

지금 우리가 많이 쓰는 녹차는 송나라 시대에, 홍차는 명나라 시대부터 시작된 것이라고 합니다.

인도에서는 1788년에 중국종 차나무를 도입해서 재배를 시작하였는데, 그후 1823년에 이르러 인도 자생종이 발견되어 지금은 그것이 보급되고 있으며, 인도에서도 홍차 생산량이 늘어나고 있습니다.

세일론에서는 1875년부터, 자바에서는 1894년부터 차나무 재배가 시작되었다고 합니다.

우리나라에 차가 처음 들어온 것은 828년(홍덕왕 3년) 신라의 사신 대렴(大廉)이 당나라에서 갖고 온 중국종 소엽 계통의 차나무의 씨를 지리산에 심은 것이 시초이며, 그후 오늘날까지 호남 지방에서 주로 재배되고 있는 실정입니다.

차를 세계적으로 널리 유포시킨 사람은 칭기즈 칸이라고 합니다.

지금과 같은 예방 의학의 기술이 없던 그 옛날에 멀리 이란, 이라크 지방까지를 정복한 칭기즈 칸의 군대는, 그 긴 여정에서 전쟁으로 희생되는 사람들도 많았지만 전염병이나 풍토병으로 죽는 사람도 많았습니다.

그래서 칭기즈 칸은 병으로부터 자기의 군대를 보호할 목적으로 군령을 내려 냉수를 못 마시게 하고, 만일 냉수를 마시는 자가 발견되면 참(斬)한다고 하였습니다.

그래서 모든 장병들은 꼭 물을 끓여서 마셨는데, 맹물을 끓여 마시는 것보다 더 맛이 없는 음료는 없습니다. 그래서 물에 맛을 내기 위해서 여러 가지 나뭇잎을 함께 넣어서 끓여봤는데, 그때 차나무 잎은 물론이고 다른 여러 가지 유사한 차를 발견하게 되었고 또 보급도 했다는 것입니다.

내 생각에는 물은 신선하고 깨끗한 물을 생수로 마시는 것이 가장 좋다고 생각합니다. 단식중인 사람이 생수를 마시면 생명을 유지할 수 있어도 끓인 물을 마시면 살아남지 못한다고 하는 것을 봐도 생수가 얼마나 우리 몸에 좋은 것인지를 알 수 있습니다.

그런데 우리나라에서는 어디를 가도 맑고 깨끗한 물이 많으므로, 굳이 물을 끓여서 먹을 필요가 없으므로 차 문화가 널리 대중적으로 보급되지 않았는지도 모릅니다.

차나무에는 여러 가지 변종이 많아서 기르는 지방마다 다른 특성을 갖고 있습니다.

중국이나 일본에서 기르는 소엽종(小葉種)은 나무가 왜성이며 자연상태로 방임해도 2~3m 정도밖에 자라지 않으나 인도 아삼지방에서 기르는 대엽종은 그대로 두면 수고 15m에 이르는 거목이 됩니다. 그래서 관리상 편리하도록 전지를 해서 1m 이내의 작은 나무로 가꾸고 있는 실정입니다.

차나무는 토심이 깊은 사질 양토에서 잘 자라고, 이식은 용이하나 내염성이 약하므로 해변 지방에서는 재배가 잘 되지 않습니다.

잎은 어긋나며 길이 2.5~5.0cm, 넓이 2~3cm의 피침상 긴 타원형으로 두껍고 광택이 있으나 양면에 털이 없으며 표면은 녹색입니다. 꽃은·양성화로 10~11월에 백색으로 피며 지름이 3~5cm이고, 향기가 진하며, 1~3개가 애생하며 가지 끝에 달립니다.

열매는 다음해 11월경에 결실하는데 목질화되고 다갈색으로 익으며 그 속에 둥글고 단단한 종자가 들어 있습니다. 이 종자로 기름을 짜기도 합니다.

목재는 단추를 만드는 데 쓰이고 잎과 꽃이 아름다워서 정원용으로 심을 만한 나무이며 특히 잘 전지한 차나무의 생울타리는 매우 아름답습니다. 번식은 가을에 잘 익은 종자를 채취해서 직파하면 발아하여 묘목을 얻을 수 있으며 꺾꽂이로도 증식할 수 있습니다.

지금은 우리나라에서도 차를 마시는 것이 보편화되었고 지방마다 다도회나 다방에서 차를 즐기는 사람들이 많아졌습니다.

학교에서도 특활 시간에 다도를 가르치는데, 예절을 겸한 다도라서 그런지 차 마시기가 너무 어렵고 힘들어서, 우리 같은 사람은 무슨 벌을 서는 것 같아 차 맛이 어떠한지 감상할 여유도 없고, 다만 차 마시는 형식에 어긋나지 않으려고 애쓰느라 진땀을 뺄 뿐입니다.

그런데 이러한 외형적인 겉치레에서 완전히 탈피한 '수안'스님과의 차 마시기는 너무나 편하고 자유롭고 즐거운 일입니다.

현재 다인으로 제1인자인 수안(殊眼) 스님은 시인으로도, 화가로서도 제1인자이시며, 다에서 만큼이나 불법에 대해서도 도통한 도승으로 만나서 이야기하면 더욱 감화를 받는 대덕(大德)이십니다.

그분이 거처하는 양산 통도사 뒤, 작은 암자인 축서암에는 언제고 차를 우릴 물이 끓고 있고, 커다란 쇠주전자에 넉넉하게 끓인 차를 잔에 넘치도록 손수 따라주십니다. 보통의 다도회에서처럼 공손히 꿇어앉아 두손을 바쳐 주전자의 물이 한방울도 잔 밖으로 흐르지 않도록 조심조심 따르는 것이 아니라, 1되들이는 됨직한 큰 주전자를 한 손으로 눈 높이 만큼이나 위로 치켜들고 차를 따르는데 더러는 잔 밖으로 튀기도 하고 넘쳐흐르기도 합니다 찻잔에 차 따르는 소리가 마치 산골짜기 시냇물이 흐르는 소리 같이 주르륵주르륵…… 여간 정겨울 수가 없습니다.

그리고 차 마시기에도 아무런 격식이나 형식에 속박되지 않고 보통의 음료를 마시는 것처럼 평상시대로 마시면 되기에 진정 차의 맛을 알 수가 있습니다.

모든 것이 초보자에게는 격식이 있고 예절이 있고 어렵지만 달통한 사람의 눈에는 그런 겉치레는 한갓 군더더기에 지나지 않나 봅니다.

차를 소재로 한 수많은 그분의 시중에서 '春心'이라는 시 한 수를 소개합니다.

산다화(山茶花) 피는 계절 물소리 곱소
겨울 내내 얼었던 강 녹으니
몇 마리 송사리 떼지어 논다.

숯불 피워라 차를 끓이자
벗이랑 정다운 얘기하다가
날이 저물면 돌아가리라.

차에는 녹차, 홍차, 화전차(火前茶), 진차(進茶), 작설차(雀舌茶), 우전차(雨前茶), 말차(抹茶), 몽산차(蒙山茶) 등 그 이름이 무척 많으나, 그 이름만큼이나 많은 품종의 차나무가 있는 것이 아니고, 차 잎을 따는 시기, 가공의 방법, 차 마시는 장소와 시기 등에 따라서 달리 붙인 이름들입니다.

건강에도 좋고 정서에도 좋은 차를 임어당(林語堂)은 그의 저서 《生活의 發見》에서 다음과 같을 때 마신다고 하였습니다.

'마음과 손이 다 같이 한가할 때, 시를 읽고 피곤을 느꼈을 때, 생각이 어수선할 때, 노랫소리에 귀를 기울이고 있을 때, 노래가 끝났을 때, 휴일에 집에서 쉬고 있을 때, 거문고를 뜯고 그림을 바라볼 때, 한밤중에 이야기를 나눌 때, 명창정궤(明窓淨几)에 향할 때, 미모의 벗이나 날쌘한 애첩이 곁에 있을 때, 벗들을 방문하고 집에 돌아왔을 때, 하늘이 맑고 산들바람이 불 때, 가벼운 소나기가 내리는 날, 조그마한 나무 다리 아래 곱게 색칠한 배 안, 높다란 참대밭 속, 여름날 연꽃을 한눈에 내려다볼 수 있는 누각 위, 조그만 서재에서 향을 피우면서, 연회가 끝나고 손님이 돌아간 뒤, 아이들이 학교에 간 뒤, 사람 사는 마을에서 멀리 떨어진 조용한 절에서, 명천기암(名泉奇巖)이 가까운 곳에서 차를 마실 일'
이라고 하였습니다.

39
측백나무

　해마다 봄은 기다리는 사람들의 조바심 속에서 오나 봅니다.
　금년도 예외는 아니어서 며칠간 따뜻한 날씨가 계속되기에 아! 이제 봄이 왔구나! 했더니, 웬걸, 거센 바람이 불어 닥치고 흙먼지가 날리고 아침 저녁으로는 서리마저 내려 봄은 다시 후퇴해 버린 듯합니다.
　달력에서는 벌써 3월도 반은 지나갔는데 봄은 아직도 아득히 먼 곳에서 맴돌기만 합니다.
　봄을 기다리는 마음은 사람뿐만 아니라 모든 동식물들도 마찬가지라고 생각합니다.
　겨울 내내 푸르름을 잃지 않았던 상록수들도, 겨울의 매서운 추위는 역시 고통스러운지, 그 푸르름이 여름철의 그것보다는 훨씬 힘이 없고 진하지도 못하며 생기가 없어보입니다.
　오늘 이야기하려고 하는 측백나무도 겨울 내내 지친 몸으로 우리와 함께 봄을 애타게 기다리는 나무 중의 하나라고 생각합니다.
　공원이나 학교 주변 생울타리에서 흔히 볼 수 있는 측백나무는 그 생긴 모양이 특이하며 이국적으로 생겼기 때문에 많은 사람들이 이 나무는 중국 또는 다른 외국에서 들어온 나무인 줄 잘못 알고 있으나, 사실은 그렇지가 않고 우리나라에서 자생하는 순수한 우리의 나무입니다.
　경북 영양, 대구, 충북 단양 등지에는 약 500년의 수령을 지닌 측백나무 노목이 자라고 있으며, 그 외에도 수령 200년 이상이 되는 노목도 전국 도처에 많이 있습니다.

측백나무는 키 25m, 지름 1m 정도까지 크게 자라는 나무이지만, 늘 우리의 생각에는 작은 관목처럼 떠오르는 것은 그 나무가 주는 부드러운 인상과 전지를 해서 작게 키운 생울타리의 측백나무들 만을 생각하기 때문입니다.

부챗살처럼 넓적하고 부드러운 잎이며, 따뜻한 감을 주는 유연성 풍부한 줄기이며, 아름답게 다듬어진 원추형 수형만을 봐 왔기 때문에 측백나무는 작은 나무로만 착각을 하게 되었는지도 모릅니다.

그러나 사실은 그렇지가 않고 조금 전에 말한 대로 측백나무는 무척 큰 교목이라는 것을 바로 알아야 합니다.

측백나무의 가장 큰 특색은 잎의 앞뒤의 생김새와 색깔이 거의 같아서 얼른 보기에 앞뒤가 없는 것같이 보인다는 점입니다.

요사이처럼 속 다르고 겉 다른 사람들이 많이 날뛰는 세상에 측백나무만은 절대로 두 가지 마음을 갖지 않는 유정 유일의 마음을 가진 진정한 도덕 군자라는 점입니다. 진정한 인격자는 누가 보거나 보지 않거나 절대로 그 행(行)함에 가식이 없는 사람이어야 하는 겁니다.

영국은 신사 나라로 정평이 높은데, 진정한 신사라면 캄캄한 그믐밤에 거나하게 술이 취한 상태에서 공원이나 숲길을 지나다가도 소변이 마려울 때, 노상 방뇨를 하지 않고 공중 변소를 찾아가서 바로 용변을 보는 사람이라야 진정한 신사라는 것이랍니다. 즉 누가 보거나 안 보거나 신사의 도리를 지키는 표리가 같은 사람이라야 진정한 신사의 자질을 갖춘 것이랍니다.

우리는 가끔 남이 보지 않는다고 소홀히 하는 일들이 많은데, 옛사람들은, 내가 아무도 몰래 혼자하는 것처럼 은밀해도 내가 하는 일을 하늘이 보고 있고 땅이 보고 있으니, 하늘과 땅에게 부끄럽지 않도록 표리가 같게 행동하라고 가르쳐 주었습니다. 측백나무의 잎처럼 늘 표리가 같은 한마음(一心)으로 살아야 하겠습니다.

측백나뭇과에 속하는 이 측백나무의 열매와 잎은 옛부터 여러 가지 약

측백나무

용으로 많이 쓰고 있는데 이를 복용하면 우리의 피를 맑게 하고 사지신경통에 좋으며 자음양혈요약(滋陰養血要藥)으로도 좋다고 합니다.

한방에서는 측백나무 열매를 백자인(柏子仁)이라고 하는데, 이는 심장의 기능을 원활히 하여 심신의 나른한 증상과 가슴이 두근거리는 심장병에 효과가 크다고 하고, 간과 비장과 기타 오장을 편안하게 해주고 귀와 눈을 밝게 해주며 변비에도 탁월한 효과가 있다고 합니다.

측백나무에 얽힌 고사에는 다음과 같은 이야기가 있습니다.

옛날 중국 송(宋)나라 때에 적송자(赤松子)라는 사람이 있었습니다. 그는 평소에 늘 즐겨서 이 측백나무 씨앗을 먹었습니다. 그런데 그렇게 얼마간을 먹고 나니 늙어서 빠졌던 이가 새로 나고 흰 머리털이 다시 검게 되었다고 합니다.

또 백엽선인(柏葉仙人)이라는 사람은 머리가 흰 노인이었는데 9년간이나 이 측백나무의 잎을 먹었더니 마침내 몸이 더워지기 시작하고 열이 나더니 온몸에 차마 눈을 뜨고 볼 수 없을 정도로 흉측한 종기가 나서 진물이 마구 나더라는 것입니다. 그래도 계속 측백나무 잎을 먹었더니 얼마 후에 종기가 가라앉고 딱지가 앉기에 흐르는 개울물에 들어가서 목욕을 했더니 살결이 어린이처럼 보드랍고 깨끗해지고 탄력이 생겼으며 흰 머리가 다시 검어졌을 뿐만 아니라 도(道)까지 깨우치게 되어 그 길로 신선이 되었다 하는 이야기가 있습니다.

글쎄요. 이 이야기를 얼마나 믿어야 할지 모르겠으나, 두 손을 모아 마치 합장이라도 하듯이 납작한 측백나무의 잎은 무엇인가 신비로운 큰 힘을 갖고 있는 듯도 합니다.

가시가 없으며 유연하고 부드러우며 중후한 향내가 나고 늘 푸른 이 나무의 잎은 꽃다발을 만들 때 꽃과 곁들여서 장식용으로 많이 쓰이고 있습니다.

몸에 좋다고 하면 그 징그러운 지렁이도 개구리도 모두 먹어 치우는 현실인데, 오늘 측백이 몸에 좋다고 하였으니 전국의 측백을 모두 먹어 치울까 걱정입니다.

진실로 사랑하고 좋은 것은 보고 아끼고 정 주는 것이지 야만스럽게 먹어 치우는 것은 아니라고 생각합니다.

우리와 함께 우리 강산에서 태어난 우리나라 자생의 측백나무에게서 표리가 같은 한마음을 배우며, 늘 합장하는 측백나무에게 깊은 정 주고 많은 사랑 주시기 바라며, 측백나무 이야기 여기서 마칩니다.

40
치자나무

 치자나무의 꽃은 다른 아름다운 꽃에 비해서, 꽃으로서는 그다지 빼어나지 못하지만 그 강렬한 향기는 단연 다른 꽃을 능가하는 아주 향기 높은 꽃입니다.
 약 1500년 전 중국으로부터 도입된 이 나무는, 지금은 따뜻한 남부 지방에서 재배하고 있으나 때로는 밭이나 들에서 자생하는 것도 볼 수 있을 정도로 우리나라에 토착화한 꽃나무입니다.
 그러므로 옛부터 풍류와 운치를 좋아하는 사람들은 모두 이 꽃을 사랑하였습니다.
 천하의 문인(文人)과 풍류객들을 한자리에 모아 놓고 시와 예술로 행락을 삼아온 세종대왕의 셋째 아들인 안평대군(安平大君)도 이 꽃을 좋아해, 진귀한 꽃이름을 열거할 때, 고아(高雅)한 것은 매란국죽이며, 요염하고 아름다운 것은 모란과 해당화, 그리고 청초한 것은 옥잠화와 목련과 치자꽃을 꼽았다고 하였으니 이것으로 미루어봐도 벌써 그때부터 치자꽃이 많은 문인들의 사랑을 받은 꽃이라는 것을 잘 알 수 있습니다.
 안평대군은 '치자나무에는 4가지 아름다움이 있으니 그 첫째는 꽃빛이 눈부시도록 하얀 것이고, 둘째는 맑고 진하면서도 저속하지 않은 향기이고, 셋째는 겨울에도 잎이 지지 않고 늘 푸름을 이룩함이고, 넷째는 열매로 노란 물감을 얻을 수 있는 것.'이라고 하였습니다.

치자나무

    지금은 여러 가지 식용 색소가 많이 있으나 옛날에는 음식을 노랗게 물들이는 데는 치자가 가장 쉽게 구할 수 있는 염료였습니다.
    그래서 집에 무슨 큰일이 있어 전을 부칠 때면 하루 전날쯤 치자 열매를 사서 물에 우려 그 노란 물로 밀가루를 반죽하였습니다. 그러므로 구멍가게에는 실에 주렁주렁 꿴 치자 열매를 매달아 놓고 팔았습니다.
    치자나무는 꼭두서닛과에 속하는 상록 활엽 관목이며 겨울에도 낙엽이 지지 않고 늘 푸른 상록수입니다.

40 · 치자나무

　높이 4m가량 자라는 작은 이 나무는 일본, 대만, 중국 등에 분포하며 추위에는 약하므로 우리나라에서는 남부 해안 지방과 제주도에서 노지 재배가 가능하고 중부 이북 지방에서는 화분에 심어 꽃을 감상합니다.

　햇빛이 잘 들고 토심이 깊은 양지쪽 사질 양토가 가장 적합한 생육지입니다. 공해에는 비교적 강하고 이식도 잘 되므로 도심에서도 잘 기를 수 있습니다.

　잎은 서로 마주나고 긴 타원형이며 길이 3~15cm 정도이고 엽병은 아주 짧습니다. 잎에는 털이 없고 맑은 광택이 나지만 빳빳하지 않고 부드러우며 가장자리에는 톱니가 없고 밋밋합니다.

　양성화된 꽃은 6월에 피는데 6~7개의 꽃잎은 불규칙한 프로펠러처럼 이리저리 꼬이고 비틀린 듯해서 다른 꽃에 비해 또 다른 운치가 있습니다.

　그리고 꽃에서는 더할 수 없이 달콤하고 진한 향기가 풍겨나옵니다.

　이 향기 높은 꽃에 걸맞게 치자나무에는 다음과 같은 전설이 있습니다.

　옛날 영국에 '가데니아'라고 하는 아름답고 순결한 귀족 집 처녀가 있었습니다. 그 소녀는 흰빛을 좋아하여 이 세상 모든 것이 깨끗한 흰빛으로 되기를 바랄 만큼 흰빛을 좋아하여, 자기의 모든 소지품은 물론이고 침실과 거실을 모두 흰빛으로 꾸미고 흰빛으로 장식하였습니다.

　가데니아는 가족과 함께 귀족들의 무도회에 나갔지만 남자들이 순결하지 못함을 실망해서 다시는 파티에 나가지 않고 흰 침실에 혼자 있기를 즐겨했습니다.

　어느 겨울밤 소녀가 눈이 하얗게 내리고 있는 야광을 바라보고 있을 때 조심스럽게 창문을 두드리는 소리가 났습니다. 일어나서 내다보니, 창 밖에는 흰 꽃을 한아름 안고 있는 천사가 서 있었습니다. 천사는,

　"나는 순결의 천사입니다. 이 세상에서 가장 순결한 여자를 찾고 있는데 당신이야 말로 참으로 순결한 여자라고 생각하고 여기까지 왔습니다." 라고 말하고는 천사의 꽃밭에 있는 씨앗을 한 개 주었습니다.

　"이 꽃은 순결한 여자의 키스로만 자라는 꽃입니다. 매일 외출했다 돌아와서 마음의 순결을 지켰다고 생각하면 이 꽃에다가 키스를 하세요. 이 꽃을 아름답게 피우면 틀림없이 순결한 신랑감을 만날 수 있을 것입니

다."
하면서 천사는 떠나갔습니다.
　소녀는 꿈같은 마음으로 그 종자를 흰 화분에 심어서 싹이 나오기 기다렸습니다. 그리고 천사가 시키는 대로 1년 동안 잘 길러 드디어 아름다운 꽃을 피웠습니다. 그 꽃은 정말 가데니아의 순결한 영혼인가 싶을 만큼 향기롭고 아름다웠습니다.
　1년이 지난 어느 날 천사가 다시 나타났습니다.
　"가데니아! 그대가 키운 꽃은 이제부터 이 지상에 아름답게 피어날 것이오. 그리고 또 그대가 바라던 순결한 청년도 만날 수 있을 것입니다."
하면서 미소를 지었습니다.
　소녀는 놀라서,
　"나의 남편이 될 만한 순결한 남자가 정말 어딘가에 있을까요? 어떤 사교 모임에 가봐도 순결한 남자라고는 없어요."
라고 하니, 그 말을 듣고 천사는 자기의 목걸이를 벗어 던졌습니다. 그랬더니 그 천사는 씩씩하고 아름다운 청년으로 변하였습니다. 그리고 가데니아에게,
　"내가 바로 당신이 찾던 그 순결한 청년이오."
하였습니다.
　청년은 소녀가 피운 그 꽃 이름을, 소녀의 이름과 같이 '가데니아(Gerdenia＝우리말로는 치자)'라고 부르고 그 소녀와 결혼하여 오래오래 행복하게 잘 살았다는 이야기입니다.
　치자나무의 열매를 梔子(치자), 黃梔子, 水梔子라고 하는데, 9월에 6～7개의 두드러진 줄이 있는 노란빛을 띤 붉은색으로 익습니다.
　이 열매는 옛부터 약으로 많이 쓰여 왔으며, 감기, 두통, 황달, 이뇨, 불면증 등을 치료하는데 쓰입니다.
　옛날에는 군량미의 변질을 방지하기 위해서 쌀을 치자물에 담갔다가 쪄서 저장을 하였다고 합니다.
　번식 방법은 가을에 잘 익은 열매를 채종하여 다음해 봄에 파종하거나 꺾꽂이로 묘목을 얻을 수 있습니다.

치자나무와 비슷하나 잎과 꽃이 작고 꽃이 아름다운 것을 꽃치자라고 하며 원예용으로 많이 보급되어 있습니다.

공해 문제가 심하게 대두되고 있는 요즘 빈대떡이나 부침을 부칠 때 옛날처럼 다시 치자 열매로 색을 내었으며 좋겠는데 지금은 아무데서나 손쉽게 구할 수 없게 된 것이 무척 유감입니다.

치자나무의 꽃말은 '행복'입니다.

41
파 초

파초는 식물학적 분류에 의하면 나무가 아니고 풀이랍니다.
 나무이야기 속에 풀을 함께 넣은 것은 내가 이 파초를 참 좋아하고, 또 얼른 보기에 파초가 풀이라고 하기 보다는 나무를 많이 닮았기 때문입니다.
 파초는 파초과에 속하는 대형 초본이며 중국 원산인 온대성 식물입니다. 파초와 사촌격인 바나나도 역시 나무가 아니고 파초과에 속하는 풀인데 높이 10m에 달하는 이 다년생 상록 초본은 누구라도 나무라고 하지 풀이라고 하지는 않을 것입니다.
 파초와 바나나를 풀이라고 하는 이유는, 파초와 바나나의 줄기는 목질부를 갖춘 진짜 줄기가 아니고, 보기에만 줄기 같고 사실은 여러 개의 잎싸개(葉鞘)가 모여서 줄기같이 보이는 가짜줄기(僞幹)이기 때문입니다.
 바나나의 경우는 높이 10m, 파초는 높이 5m까지 자라지만 그들 줄기는 모두 잎싸개로 이루어진 것들입니다.
 우리나라 남부 지방에서 잘 자라는 파초는 추위에 약하므로 중부 이북 지방에서는 겨울에 동해를 입기 때문에 노지에서 월동이 되지 않습니다.
 그래서 여름내 크게 자란 파초를 겨울이 다가오면 윗둥치를 잘라 버리고 밑부분을 캐서 커다란 통에 담아 온실 안에 넣거나 혹은 얼지 않도록 방안 한녘에 놓아서 월동을 시킵니다.
 내가 아는 식물 중에 잎이 가장 큰 것이 바로 파초입니다.
 그래서 파초의 매력은 아무래도 그 큰 잎에 있다고 하겠습니다.
 무더운 여름, 숨이 막힐 듯이 덥고 답답할 때라도 마당 한녘에 서 있는 시원스런 파초잎을 바라보면 마음속에 생기가 살아납니다.
 그러다가 한차례 소나기라도 퍼불라 치면 커다란 잎에 비 떨어지는 소리가 그렇게도 후련할 수 없습니다.
 신석정(辛夕汀), 김상용(金商鎔)과 함께 1930년 후반기의 유명한 전원 시인(田園詩人) 김동명(金東鳴)은 파초를 보고 다음과 같이 노래하였습니다.

파초

조국을 언제 떠났노
파초의 꿈은 가련하다.

남국을 향한 불타는 향수
너의 넋은 수녀보다도 더욱 외롭구나.

소낙비를 그리는 너는 정열의 여인,
나는 샘물을 길어 네 발등에 붓는다.

이제 밤이 차다.
나는 또 너를 내 머리맡에 있게 하마.

나는 즐겨 너를 위해 종이 되리니
너의 그 드리운 치맛자락으로 우리의 겨울을 가리우자.

   파초하면 아무래도 여름을 연상하게 되고 그 넓고 싱그러운 잎을 보면 청춘을 느끼게 합니다.
   수목의 즐거움과 화초의 아름다움을 모두 함께 지닌 파초는 여름의 여왕이며 그 넓은 잎 속에는 더위에 지친 우리 영혼의 안식처가 있습니다.
   활달하고 늠름한 모습은 젊은이의 꿈이요, 소박하고 그윽한 멋은 그대로가 순수한 젊은이의 마음입니다.
   잎이 다 벌어져, 커다란 거인의 나래가 되어 넌지시 나의 서재 안을 엿보며 주인을 찾는 듯한 정취는 파초 아닌 다른 어느 식물에도 찾아볼 수 없는 다정한 정감입니다.
   바나나와 너무 많이 닮아서 구별이 잘 되지 않지만, 파초는 바나나에 비해서 결실성이 아주 떨어지고, 열매가 열렸다 해도 바나나보다 작고 먹을 수도 없습니다.

그러므로 파초는 정으로 키우는 식물이고 바나나는 소득을 위해서 키우는 식물입니다.

잎이 아름다운 파초는 옛부터 화조화(花鳥畫)의 소재로 많이 등장해 왔는데, 강희안(姜希顏)은 그의 저서 《양화소록(養花小錄)》에서 화목류를 9품으로 나누어 평할 때, 파초를 앙우(仰友), 초왕(草王), 녹천암(綠天菴)이라고 부르며 수려하고 부귀한 모습을 높이 평가하여 2품에 올려 놓았습니다.

파초와 아주 닮은 것으로 애기파초가 있는데, 파초에 비하면 아주 작지만 꽃의 포엽이 아름답기 때문에 한자명으로 미인초(美人蕉)라고 부르며 관상용으로 많이들 심습니다.

파초과의 일종인 마닐라파초는 잎의 엽병에서 실을 뽑아 이용하는데, 이 때문에 이것을 마닐라삼이라 하기도 합니다.

마닐라삼은 인조 섬유가 발견되기 이전에 각종 '로프'를 만드는 중요한 원료였습니다.

파초를 그린 역대 명화는 무척 많지만 이조 때 한 무명 화공이 일본에서 그린 '파초야우도(芭蕉夜雨圖)'는 무척 유명합니다.

촉촉히 내리는 밤비를 소재로 한 한 폭의 그림 위에 이조 태종 때 봉례사(奉禮使)로 일본에 건너가서 현지 일본인과 시회를 연 집현전 학자 양수(梁需)는 그 그림 위에 다음과 같은 찬시(贊詩)를 써 넣어 그 그림은 더욱 유명해졌습니다.

雨滴芭蕉秋夜深 擁衿危坐听高吟
遠公何處無人問 異國書生萬里心
파초잎에 빗방울 떨어지니 가을밤은 깊었도다
옷깃을 여미고 조심스레 앉았어도 웃으면서 노래하오
멀리 어디서 왔는지 묻는 사람 없어도
이국의 서생, 마음은 고향 향해 만리를 달려가오.

지금은 고인이 된 오구네 아버지께서 파초에 대해 다음과 같은 애절한 이야기를 들려 주셨습니다.

　옛날 옛날 박 진사네 아들은 재 너머 동네에 사는 김 진사 댁 무남 독녀에게 장가를 들었습니다.

　혼례의 여러 가지 절차를 모두 무사히 마치고 드디어 신랑 신부가 맞는 첫날밤이 되었습니다.

　곱게 단장한 신부는 신방에서 신랑이 머리에 쓴 족두리를 내려 주기를 기다리며 다소곳이 앉아 있었습니다.

　신랑은 어여쁜 신부를 바라보며 족두리를 내리려고 신부 머리에 손이 가는 순간, 신부 등 뒤 창문에 비친 달 그림자에 누군가가 칼을 휘두르고 있는 것을 보았습니다.

　어린 신랑은 겁이 났습니다.

　틀림없이 신부의 혼전 애인이 신랑을 해치고, 신부를 뺏으려고 온 것이 분명하구나 라고 생각하고 족두리 내리는 것이고 뭐고 그만두고 혼비백산 뒷문으로 달아나 버렸습니다.

　그리고 집으로 가면 그 괴한이 반드시 자기를 찾아와서 죽일 것만 같아서 집으로도 가지 않고 발길 닿는 대로 도망을 쳐 강원도 깊은 산골짜기로 들어가 버렸습니다.

　그리고 사람만 보면 겁을 내며, 산속을 헤매면서 온갖 고생을 다 겪고 살아갔습니다.

　10여 년 동안 갖은 고생을 하며 살아간 박 도령은 나이도 들고 철도 들었습니다.

　그래서 그때의 일이 너무 무섭고 끔찍하기는 하지만 신부가 어떤 놈과 눈이 맞아서 지금 어떻게 살고 있는지 알고 싶어져서 몰래 처가 동네에 가보기로 하고, 어느 날 그 동네에 갔습니다.

　멀리 산에서 내려다 보이는 김 진사 댁 집은 담이 무너지고 마당에 풀이 우거져서 사람이라고는 살지 않는 폐가가 되어 있었습니다.

　박 도령은 동네 주막에 가서 신부집 내력을 물어봤더니 나이 많은 주모는 다음과 같이 말하였습니다.

　"지금으로부터 약 10여 년 전에 김 진사 댁 딸이 시집을 갔는데, 시집간 첫날밤 웬일인지 신랑이 도망을 쳐서 행방을 감추어버려 아무리 찾아도 찾을 길이 없었습니다.
　신랑이 없어지자 신부는 그때부터 방문을 안으로 닫아 걸고 족두리를 쓴 채 일체 식음을 전폐하고 드디어 굶어 죽어버렸습니다.
　신부가 죽자 신부의 부모도 화병이 나서 모두 죽어버렸는데, 신부가 있는 방은 지금도 문이 굳게 닫혀 있어서 아무도 들어 가지 못하고, 만일 누구라도 들어 가기 위해 문에 손만 대면 큰 열병에 걸려 몹시 앓다가 죽어 버리기 때문에 아직까지 아무도 들어가지 못하고 신혼 그때의 상태대로 남아 있으며, 그 집도 흉가라고 해서 아무도 접근을 않습니다."
라고 하였습니다.
　박 도령은 신부에게 간부가 있었던 것이 아니며 무엇인가 오해가 있었던 것이 틀림이 없었다고 생각하고 즉시 그 집으로 가봤습니다.
　그리고 신부가 있는 방문을 열었습니다.
　누가 열어도 굳게 닫혀 열리지 않던 문은 박 도령이 손을 대자 쉽게 열렸습니다.
　방안에는 머리에 족두리를 쓴 신부가 첫날밤에 앉아 있던 바로 그자리에 마치 살아있는 것처럼 앉아 있었습니다.
　박 도령은 조심스럽게 신부의 머리 위에 있는 족두리를 내려 주었습니다.
　그랬더니 신부는 스르르 옆으로 누우며 한줌의 재가 되어 버렸습니다.
　마치 박 도령이 언제라도 꼭 돌아와서 오해를 풀고 박 도령의 손으로 족두리를 내려 주기를 기다리기도 한 듯이 박 도령의 손이 닿자 한줌 재가 되어 극락 세상으로 가 버렸습니다.
　박 도령은 깊은 후회와 비탄에 빠져 들었습니다.
　자기의 경솔로 많은 선량한 사람들에게 불행을 안겨 준 것을 생각하니 죽기보다도 더 큰 뉘우침이 가슴에 치솟았습니다.
　그날 밤 박도령은 신혼 첫날밤에 신부의 족두리를 벗기려고 앉았던 바로 그자리에 앉아서 온갖 생각에 사로잡혔습니다.
　그런데 바로 그때 달빛에 비치는 창 밖에 또 칼을 든 괴한이 어른거립니다.

박 도령은 '바로 저 놈이 많은 사람을 불행으로 만든 범인이구나. 내 오늘밤은 기어코 저 놈을 꼭 잡아 구만리장천에서 우는 외로운 고혼들의 원수를 반드시 갚아야지.' 하면서 문을 박차고 밖으로 뛰어 나갔습니다.

그런데 거기에는 달빛을 흠뻑 받은 커다란 파초가 잎을 바람에 흔들며 서 있었습니다.

박 도령은 땅에 풀썩 주저앉았습니다.

온 몸에 기운이 쭉 빠졌습니다.

그리고 한없이 한없이 후회의 눈물을 흘렸습니다.

그 길로 박 도령은 머리를 깎고 금강산으로 들어가, 중이 되어 평생토록, 애매하게 죽은 신부와 기타 많은 사람들의 명복을 빌면서 조용히 일생을 보냈습니다.

42
팔손이나무

　옛날 인도에 '바스라'라는 아름다운 공주가 있었습니다.
　17살이 되는 생일날 바스라는 어머니로부터, 생일 기념으로 예쁜 쌍가락지를 한쌍 받았습니다.
　공주에게는 다른 반지도 많았지만, 어머니가 주신 그 반지를 더욱 아끼고 사랑해서 잠시도 몸에서 떼놓지를 않았습니다
　그런데 어느 날 그 반지가 감쪽같이 없어져 버렸습니다.
　아무리 찾아도 시일만 지나가고 반지는 어디 있는지 알 수 없어서, 공주는 슬픔으로 병이 나고, 온 궁중은 반지를 찾느라 발칵 뒤집어졌습니다.
　그러나 반지는 어디 있는지 도무지 찾을 수가 없었습니다.
　임금님은 마지막으로 공주의 시녀를 하나하나 불러서 조사를 하기 시작하였고, 그 소문은 곧 시녀들 사이에 퍼졌습니다.
　그런데 공주의 사랑을 가장 많이 받던 한 시녀가, 공주의 방을 청소하다가 공주가 아끼던 반지가 거울 앞에 있는 것을 보고 호기심으로 엄지손가락에 각각 한 개씩 껴 봤는데, 이게 웬일입니까? 한 번 들어간 반지는 통 빼낼 수가 없었습니다.
　그래서 겁이 난 시녀는 공주에게 들키지 않으려고 그 반지 위에 또 다른 더 큰 반지를 덮어 끼고, 공주의 반지를 감추고 있었습니다.
　드디어 그 시녀가 임금님 앞에 나가서 조사를 받게 되었습니다.

팔손이나무

　임금님은 두 손을 앞으로 내밀어보라고 하였습니다.
　반지를 덮어 끼고 있어도 마음이 놓이지 않는 시녀는 엄지 손가락 둘을 안쪽으로 감추고 여덟 손가락만 펴 보였습니다.
　그런데 이때 하늘에서 무서운 천둥소리와 번개가 치더니 시녀는 임금님을 속인 죄로 한 포기의 나무로 변해 버렸습니다.

42 · 팔손이나무

　이 나무가 바로 여덟 개의 손가락이 달린 팔손이나무입니다.
　위의 전설에서 말하듯이 팔손이나무는 단풍잎처럼 깊은 골이 파여 있는 8개의 손가락이 있다고 하나 실지로는 7개 또는 9개의 손가락이 있는 경우도 많습니다.
　팔손이 나무를 처음 보는 사람은 누구나 겨울에도 푸르른 넓고 큰 잎하며, 긴 잎줄기하며, 특이하게 생긴 나무 모양 등으로 외국에서 들어온 열대 식물이라고 생각하기 쉽습니다.
　그러나 사실은 그렇지 않고 우리나라에도 자생하는 우리의 나무입니다.
　경남의 남해도와 거제도에 자생하는 이 나무는 두릅나뭇과에 속하는 상록 활엽 관목으로 높이 4m 정도 자라는 비교적 작은 나무인데, 거제도에 자라는 팔손이나무는 천연기념물로 지정해서 보호하고 있는 실정입니다.
　인간이 만물의 영장으로서 문화를 창조하고 이렇게 호화롭게 잘 살게 된 것은 기능이 다양한 손이 있기 때문이라고 합니다.
　사람의 손에는 여러 가지 유형이 있습니다.
　만져서 정이 통하는 따뜻한 손, 아무런 감정도 갖고 있지 않는 싸늘한 손, 얼음같이 차고 칼날같이 매서운 손, 명주 고름같이 유연하고 다정한 손, 억세고 거치른 손, 작고 귀여운 아기의 손, 늙고 병들어 뼈만 남은 노인의 손, 고기 비늘처럼 차갑고 끈적거리는 손, 범죄의 불덩어리처럼 이글거리는 손, 탐욕에 불타는 검은 손……. 그 많은 손들 중에 팔손이의 손은 정겹고 순수한 손입니다.
　이 세상에서 가장 많은 손을 가진 분은 절에서 자주 보는 한 부처님이십니다.
　천수 천안 관세음보살(觀世音菩薩)이 바로 그분입니다.
　천개의 손과 천개의 눈을 가졌다고 하는 이 보살님은 자비로운 마음과 세상 사람들의 소리를 눈으로 볼 수 있는 초능력이 있어서, 사바 세계의 중생들이 어려움을 호소하면 그 소리를 눈으로 보시고 그 사람에게 다투어 천개의 손으로 그 사람을 구제해 주신다고 합니다.
　그런데 팔손이나무에는 8개의 손이 있으니 사람들보다 4배나 많은 일을 할 수 있는 나무라고 생각됩니다.

손이 먼저 닿아 국왕이 되었다는 전설이 아일랜드에 있습니다.
　기원전 약 1000년경에 헤리몬 오네일이라는 노르만의 해적 두목은 북아일랜드의 해안 지방을 점령하기 위해서 원정대를 조직하였습니다.
　이 원정 계획이 알려지자 또 다른 한 해적 두목도 아일랜드 정복을 계획하게 되어, 두 사람은 서로 경쟁을 하게 되었습니다.
　두 두목은 출발 전 한자리에 모여 서로 싸우지 말고 어느쪽이건 새 영토에 먼저 손이 닿는 사람이 그 나라의 국왕이 되기로 하자는 약속을 하였습니다.
　양편의 배는 같은 날 아일랜드를 향해 출발을 해서 몇 일의 항해 끝에 목적지가 보이는 곳까지 다다르게 되었습니다.
　그러자 오네일의 상대편은 갑자기 속력을 내기 시작해서 목적지로 막 달려갔습니다. 오네일의 군사들도 필사의 힘으로 배를 저었으나 상대편에게 도저히 미치지 못하였습니다.
　경쟁에 곧 지게 되는 순간, 오네일은 칼로 자기의 오른손을 잘랐습니다. 그리고 피가 뚝뚝 떨어지는 그 손을 뭍으로 힘차게 던졌습니다. 손은 포물선을 그리며 뭍을 향해 날아가서 상대편 두목의 손이 닿기 전에 먼저 뭍에 떨어졌습니다.
　그리하여 오네일은 경쟁자를 물리치고, 아일랜드의 얼스타 지방의 초대 왕이 되었으며 그후 오래도록 오네일 왕조는 번영을 계속하였다고 합니다.
　그리고 피 묻은 오른손은 그 지방의 문장(紋章) 속에 오늘날까지도 남아 영원히 빛나고 있다고 합니다.
　팔손이는 우리나라뿐만 아니라 일본에도 분포되어 있는데, 해변가 숲속에 군생하는 음지 식물입니다.
　각종 공해에도 강하고 내조성이 있으며 토질을 가리지 않고 아무데서나 잘 자랄 뿐만 아니라 생장 속도도 비교적 빠른 편입니다.
　지름 20~40cm에 달하는 잎은 언제 봐도 시원한 감을 주고 남국의 정취가 넘쳐흘러 관상용으로 많이 심는데 중부 이북 지방에서는 노지에서 월동이 되지 않으므로 화분에 심어 온실에서 겨울을 나야 합니다.
　둥글고 긴 잎자루는 30cm 정도나 되어, 잎을 한 장 따서 들면 마치 커다란 부채를 든 듯 여름에는 좋은 해가리개가 됩니다.
 꽃은 가을에 흰색으로 피는데 팔손이나무는 꽃보다도 잎이 더 보기 좋은 관엽식물입니다.
 잎은 언제라도 필요할 때 따서 햇볕에 말려 약으로 쓰는데 생약명은 팔각금반(八角金盤), 팔금반(八金盤), 금강찬(金剛纂)이라고 부릅니다.
 잎 속에는 파트시야 사포톡신과 파트신이라는 두 가지 사포닌이 함유되어 있어서 독이 있는 식물의 하나입니다.
 사포닌의 작용으로 거담, 진해, 진통의 효능이 있으므로 기침, 천식, 가래가 끓는 증세, 통풍, 류머티즘 등에 쓰이지만 의사의 지시에 따라야 합니다.
 번식은 실생, 포기나누기, 꺾꽂이 등이 모두 가능하며 많은 양의 묘목을 얻고자 할 때는, 5월의 검게 익은 종자를 채취해서 과육을 제거한 다음 직파하면 여름에 발아합니다.
 아파트 베란다에 한 포기 길러 볼 만한 좋은 나무입니다.

43
팽나무

　나는 내 일상의 생활에서 어떤 마음의 갈등을 느낄 때면 절을 찾거나, 들로 산으로 나아가 나무를 바라봅니다.
　묵묵히 서 있는 고목은 그것 그대로가 바로 정교한 한점의 거대한 조각품입니다. 빛살 퍼지듯 곧게 쭉쭉 뻗은 것들, 삼단 같은 머리를 풀어 땅바닥을 쓸고 있는 것들, 커다란 팔을 크게 벌려 동그랗게 하늘을 안고 서 있는 것들 등 실로 각양 각색의 다양한 자태들입니다.
　바쁘고 잡다한 일상에 얽매어 한치도 현실에서 벗어날 수 없는 각박한 생활에서, 의연히 서 있는 커다란 나무를 보고 있으면 마음속이 숙연해지고 스스로 즐거워집니다.
　나는 시골에서 나고 시골에서 자라서 그런지 체질적으로 나무를 좋아하고 자연을 좋아합니다만 KBS에서 '나무이야기' 방송을 하고부터는 더욱 나무가 좋아져서, 나무들이 아예 내 가슴속으로 파고들어와 뿌리를 내리고 가지를 펴고 꽃을 피웁니다.
　어디를 가다가도 좋은 나무만 있으면 차를 멈추고 그 의젓한 모습을 가슴속에 담기에 바쁩니다. 생명력이 속에 가득 찬 것을 나는 참 좋아하고, 생명력이 속에 가득 찬 것이 바로 참다운 미의 극치라고 생각합니다. 해마다 봄이면 어김없이 싹을 틔우고 잎을 피우는 나무야말로 속에 넘쳐흐르도록 가득한 생명력을 지니고 있음이 틀림없습니다.

43 • 팽나무　221

팽나무

산야에 있을 때는 말할 것도 없고, 도심의 공간이나, 가정집 정원, 심지어 화분 속에 있을 때도 나무는 항시 푸른 시심(詩心)을 지니고 서서, 넘쳐흐르는 생명력을 줄기차게 풍겨내고 있습니다.

그래서 나무가 있는 곳은 항시 싱싱하고 생기가 넘쳐흐르며 문명에 병든 상처를 말끔히 씻어 줍니다.

나무는 한번 씨가 떨어져 싹이 난 곳에서 아무 불평 없이 일생을 보냅니다. 일편단심 그 한자리를 지켜, 자신의 모든 능력으로 그 환경에 적응해서 조금도 불평없이 꽃을 피우고 잎을 피우며, 일념으로 하늘을 우러러 받들고, 땅을 굳게 믿으며 뿌리를 깊게 내려서 삽니다. 그러면서도 나무는 한량없는 풍류와 멋을 지니고 있어서, 하늘에 그리는 선묘(線描)는 참으로 조화의 극치를 이루고 있습니다.

우리네 인생도 나무처럼 매년 봄이 올 때마다 희망에 찬 푸른 싹을 피울 수 없을까? 나이를 먹을수록 마음을 비우고 늠름한 고목처럼 고고하고 의젓해질 수 없을까.

나무는 자랑하거나 뽐내지 않으며 명예나 재산을 바라지 않습니다. 감추거나 가식하지 않으며 늘 자기 본연의 자태를 누구 앞에라도 당당하게 나타내고 있습니다. 모진 엄동의 혹한 앞에서도, 한여름의 더위와 폭풍 앞에서도 나무는 한치도 물러 서지 않고 당당히 제자리에 서서 맞서고 버티는 굳은 의지가 있습니다.

그러기에 나는 내 삶에서 가장 힘들고 어렵고 외로울 때면 말없이 서 있는 나무를 보고 마음을 비웁니다.

팽나무도 내가 즐겨 찾는 나무 중의 하나입니다.

내가 국민학교를 다닐 때, 할머니를 따라 할머니의 친정인 아틈실(안동군 남후면 상아동)로 자주 간 기억이 납니다. 여우내(낙동강)를 건너 '돌고개'를 넘고 얼마만큼 걸어가면 '하촌 할배' 집이 있고 거기서도 한참 걸어가야 '계필 할배' 집이 있는데, 그 할배 집 앞에는 하늘을 덮을 만한 커다란 팽나무가 한 그루 있습니다. 멀리서 보면 팽나무가 너무 커서 그 밑에 있는 할배네 집은 성냥갑만큼 작게 보였습니다. 팽나무 그늘에서 쉬어가는 많은 사람들은 자식이 없는 계필 할배 집을 '팽나무 집'이라고 부르기도 했습니다.
  그 집에 내가 가기만 하면 얼굴에 주름살이 깊게 잡힌 마음씨 좋은 계필 할매가 곶감이고 밤이고 복숭아고 한아름씩 주기 때문에 나는 계필 할매가 무척 좋았습니다. 그리고 그 앞에 있는 팽나무에 올라가서 노는 것도 무척 재미가 있었고 가을이면 잘 익은 팽나무 열매를 따먹기도 하고 한아름 따 오기도 했습니다.
  계필 할배는 수염을 온 얼굴이 안 보일 정도로 많이 길렀는데, 수염 때문에 입이 보이지 않았습니다. 그래서 그때, 어린 나는 수염에 입이 가렸으니 계필 할배는 어떻게 음식을 드시나 무척 궁금했습니다. 그러므로 밥을 먹을 때는 계필 할배 밥 자시는 것을 구경하느라 늘 꼴찌를 했습니다.
  팽나무는 계필 할배 집 앞에 뿐만 아니라 돌고개 마루 성황당 앞에도 있는데, 우리나라에서는 옛날부터 팽나무를 동신목(洞神木)으로 많이 심고 보호했기 때문에 팽나무의 거목은 전국 어디에 가도 많이 볼 수 있습니다.
  느릅나뭇과에 속하는 낙엽 교목인 팽나무는 수고 약 20m, 지름 약 1m에 이르며, 높은 산보다는 낮은 언덕에 잘 자라고 특히 인가 가까운 곳에서 많이 볼 수 있어서, 사람과 무척 친숙한 나무라고 할 수 있습니다.
  경주 계림에도 느티나무, 회나무, 버드나무와 함께 팽나무도 함께 어울려 우람한 고목의 숲을 이루고 있습니다. 계림은 종교림으로 너무나 유명한 숲입니다.
  계림을 옛날에는 시림(始林)이라고 했는데, 탈해왕 9년 3월(서기65), 왕이 시림에서 닭이 우는 소리를 듣고 이상히 여겨 사람을 보내 보니, 나뭇가지에 금빛 상자가 걸려 있고 그 밑에서 흰빛 닭이 울고 있는 것을 발견했습니다. 왕은 곧 그 상자를 갖고 오게 해서 열어 보니 그 속에는 총명하게 생긴 남자 아기가 들어 있는지라, 왕은 매우 기뻐하며 하늘이 주신 아기라 하여 소중히 키웠답니다. 이 아기의 이름을 알지(閼智)라 지었고 금빛 상자에서 나왔다고 성을 김으로 하였다는 이야기는 너무나도 잘 아는 이야기입니다.
  우리나라뿐만 아니라 중국에도 많이 분포되어 있는 이 나무는 양지, 음지를 가리지 않고, 내한성과 내공해성이 뛰어난 수종입니다. 줄기가 직립하고 가지가 넓게 퍼져서 수관이 매우 크게 확대되고 여름에는 그늘이 두텁습니다. 수피는 흑갈색이고 어린 가지에 털이 많은 것이 특색입니다.

잎은 어긋나고 길이 4~11cm의 긴 타원형이며 기부에서 3개의 맥이 나와 있습니다. 꽃은 연노랑 잡성화로 5월에 피며, 열매는 지름 7~8mm인 원형의 핵과이며 10월에 적갈색으로 익고 과육이 달콤합니다.

번식 방법은 10월에 익는 열매를 채취하여 노천에 매장하였다가 봄에 파종하면 싹이 잘 트입니다.

목재는 가구재나 건축재로 사용합니다.

44
포도나무

마당에 그늘을 만들려고 포도 한 그루를 심었습니다. 하수도 가까운 비옥한 땅에 심은 포도는 예상대로 별 탈없이 잘 자라서, 지금은 내 방과 마당에 두터운 그늘을 만들어줄 뿐만 아니라 9월이 되면 완전 무공해인 탐스러운 열매도 잘 익어서 아이들이 즐겨 따먹기도 합니다.

축축 늘어진 넝쿨들이 이리저리 휘감기기도 하고 빨랫줄을 타고 나가기도 하며, 마치 숲속에 여러 가지 덩굴식물들이 뒤엉킨 듯 무척 운치가 있습니다. 그래서 우리 가족들은 통행에 다소 불편하고 방해가 되어도 이리저리 늘어진 포도덩굴을 피해 다니지 자르거나 꺾지 않고, 자라는 대로 늘어지는 대로 자연 그대로 자라게 하고 있습니다.

포도는 포도과에 속하는 낙엽성 덩굴식물이며 덩굴손이 있어서, 그 덩굴손으로, 철사나 시렁에 잘 기어 올라갑니다.

쥐어박은 듯이 알이 많이 달린 포도 송이를 보면 누구라도 군침이 나고 한 송이 따고 싶은 충동을 느낄 겁니다. 포도의 재배 역사는 무척 오래이어서 확실한 연대를 추정하기조차 어려운 일이지만, 유럽종 포도의 원산지인 근동이나 중앙아시아 지방에서는 이미 신석기 시대에 야생종의 포도를 이용했다고 합니다.

그후 BC 200~ BC 1500년쯤부터 서아시아 메소포타미아 지방에서 번영한 셈족과 중앙아시아의 아리아인에 의하여도 포도의 재배가 이미 시작되었다고 합니다. 이집트에서는 이보다 앞선 BC 3000년경 포도주를 마신 기록이 있는 것으로 보아 그때 이미 포도를 재배한 것으로 추정됩니다.

유럽으로는 근동이나 중앙아시아에서 BC 58년경, 현재의 이탈리아, 프랑스, 벨기에 지방으로 전달되었으며 중국에서는 한무제 무렵 서역으로부터 들어간 것으로 추정되고 있습니다.

이와 같이 포도는, 우리 인류가 재배하는 가장 오래된 과실 중의 하나이므로 그 쓰임도 다양하고 수요도 많으며, 생식 외에도 건포도, 주스, 잼, 제리용으로도 많이 쓰입니다. 그러나 가장 수요가 많은 것은 역시 포도주 제조를 위한 양조용 포도입니다.

지금 세계에서 포도의 생산량이 가장 많은 이탈리아나 프랑스 지방에서는, 옛날에는 집을 지을 때 지하실을 크게 파고, 그 지하 탱크에 포도를 가득 채우고 그 위에 집을 지었다고 합니다. 그래서 지금 우리가 얻은 200년 묵은 포도주니, 300년 묵은 포도주니 하는 오래된 포도주는 모두 그런 집 지하실에서 자연 발효로 빚어진 포도주라는 이야기를 들었습니다.

술이 우리 인간에게 필요한 것인지 혹은 불필요한 것인지는 사람들마다 생각이 다르겠지만, 술이 우리의 생활과 좋은 의미에서든, 나쁜 의미에서든 밀접한 관계가 있다는 것만은 누구도 부인할 수 없을 것입니다. 그리고 역사상 술을 좋아한 많은 사람들이 남긴 일화는 낭만과 풍류가 넘쳐흘러 자타가 다 재미있다고 생각할 것입니다.

중국의 이태백이나 우리나라의 김삿갓이 술이 없었던들 과연 그 많은 명시가 나왔을까? 하고 생각하면 신기한 술의 매력에 호감이 가나, 술 때문에 건강을 해치고 가산을 탕진한 많은 사람들을 볼 때면 술의 해독에 혐오감을 갖습니다.

술을 좋아한 사람은 무척 많습니다만, 중국 삼국시대 때 강동(江東)의 손권(孫權)의 부하 중 정천(鄭泉)이라는 사람이 있었습니다. 정천은 어찌나 술을 좋아하였는지, 그가 죽을 때 친구들에게 유언을 하기를,

"내가 죽거든 자네들 부디 내 시체를 질그릇 만드는 옹기굴 곁에 묻어 주게, 백년 이백년 뒤, 백골이 삭아서 흙이 되면 누가 아는가? 혹시 그 흙을 파서 술병을 만들지. 그렇게만 되면 내 소원대로 영원히 술을 실컷 마실 수 있지 않겠는가."
라고 하였다 합니다.

술을 바커스(Bachus)의 선물, 혹은 그대로 바커스라고도 합니다. 바커스는 후대에 붙인 명칭이고 정식으로는 디오니소스(Dionysos)라고 합니다. 이 디오니소스는 술의 신으로, 제우스신, 아폴로신에 못지 않게 유명하지만 보통 올림포스 12신 속에는 들지 못하는 신입니다. 디오니소스는 헬라(제우스의 비)의 모함으로 임신 6개월째인 어머니 세멜래가 죽자, 아버지인 제우스신의 넓적다리 속에서 달이 찰 때까지 자란 끝에 태어났다고 합니다. 이렇게 태어난 디오니소스는 니사의 요정(님프)의 손에서 자라났습니다. 디오니소스는 이 니사의 산과 들과 숲속을 뛰어다니며 놀다가 포도를 발견하고 포도주를 처음으로 만들어냈다고 합니다. 디오니소

스가 니사 산을 떠나 그리스로 갔는데 그때 그는 아티카의 주민인 이카리오스라는 사람에게 포도나무를 주고 또 포도주 만드는 법도 가르쳐 주었습니다. 이카리오스는 포도주를 많이 만들었으며, 그 신기한 포도주를 근처의 목동들에게 한 잔씩 권하였더니, 목동들은 달콤한 맛에 실컷 마시고는 취하여 눈앞이 아찔아찔한지라 이카리오스가 독을 타먹인 줄 알고 당장에 이카리오스를 잡아죽이고 말았습니다. 이카리오스는 말하자면 술 때문에 죽은 첫 희생자가 된 셈입니다. 그리스의 아티카 주에서는 '디오니소스 소제(小祭)' 혹은 '시골제'라 하여 12월에는 신에게 포도주를 바치는 '포도주제'와 2월 말경에는 지난해에 담근 포도주를 처음 맛보는 꽃놀이 축제가 있어서 3일 동안 노래와 춤으로 즐기는 행사가 있었고, 3월 초에는 '디오니소스 대제'라 하여 음악 경연, 연극 상연 등의 다채로운 행사가 5일간 계속되는 큰 축제가 있었습니다. 그리스 고전 중의 고전인 그리스 극이 발달하고 극시인이 많이 배출된 것은 실로 이 축제와 포도주 때문이었다고 합니다.

요즘 시장에서 많이 볼 수 있는 포도의 흔한 품종은 캠벨리, 네오 스마캇, 데라웨어, 거봉 등입니다. 포도는 체내에서 쉽게 소화 흡수되므로 피로 회복에 좋고 유기산의 새콤한 맛과 향기는 입맛도 돋구고 위액의 분비도 촉진시켜 줍니다. 뿐만 아니라 포도는 먹어서만 좋은 것이 아니고 주렁주렁 탐스럽게 매어 달린 포도 송이를 보는 것도 여간 좋은 것이 아닙니다. 특히 여름철 매미 소리를 들으며 시원한 포도 잎 사이로 충실하게 익어가는 포도를 보고 있으면 그 속에 우리의 꿈도 함께 익어가는 듯합니다.

독립 투사 이육사의 시 '청포도'는 이러한 우리의 꿈을 잘 노래하고 있습니다.

　내 고장 칠월은
　청포도가 익어가는 시절

　이 마을 전설이 주저리주저리 열리고
　먼데 하늘이 꿈꾸며 알알이 들어와 박혀

하늘 밑 푸른 바다가 가슴을 열고
흰 돛단배가 곱게 밀려서 오면

내가 바라는 손님은 고달픈 몸으로
청포(靑袍)를 입고 찾아온다고 했으니

내 그를 맞아 포도를 따 먹으면
두 손을 함뿍 적셔도 좋으련

아이야 우리 식탁엔 은쟁반에
하이얀 모시 수건을 마련해 두렴

  이 시의 작가이신 이육사의 본명은 이원록(李源祿 1904~1944)이고 호가 육사(陸史)입니다. 그는 조선조의 대학자이신 퇴계 이황 선생의 후예이며 안동군 도산면 원촌리에 태어난 독립 투사이고 또한 시인입니다. 어릴 때 조부에게 한문을 배우고 보문의숙과 교남학교에서 신학문을 익힌 그는 21세에 의열단에 가입하여 광복 운동에 몸바친 애국 열사입니다. 1926년 북경 사관학교에 입학한 다음해에, 장진홍 의사의 조선 은행 대구 지점 폭파 사건에 연루되어 투옥되었으며, 그때의 수인 번호 64의 음을 따서 호를 '육사'로 지었습니다. 1929년 출옥 후 북경대학 사회학과에 수학하면서 만주, 중국 등지에서 정의부 군정서, 의열단에 가입하여 독립 투쟁을 하면서, 한편으로는 《신조선》에 '황혼'이라는 시를 발표함을 비롯하여, 시작(詩作)에도 전념하여 '광야' '절정' 등 많은 시를 발표했습니다. 선생은 독립 운동 중 왜경에게 투옥되기 무려 17회, 1943년 6월 대구에서 피검되어 북경으로 압송되어 복역중 1944년 북경 감옥에서 끝내 조국 광복을 보지 못하고 40세의 젊은 나이로 옥사하고 말았습니다.
  우리의 광복은 우연히 주어진 것이 아니고, 많은 애국자들의 끊임없는 투쟁과 염원으로 이루어진 것이라고 생각합니다. 오늘은 몸에도 좋고 맛있는 포도 많이 드시며 애국 열사 육사 선생과 그의 시 '청포도'를 함께 감상하는 것도 뜻있는 일이라고 생각합니다.

45
포인세티아

해마다 크리스마스가 되면 아름답게 꽃피는 포인세티아를 구경할 수 있는데, 피보다 더 진한 이 붉은 꽃은 일년 내내 기다렸다가 꼭 크리스마스 때가 되면 핀다고 해서 '크리스마스 꽃'이라고도 합니다.

크리스마스 장식용으로 가장 중요한 이 꽃은, 원래 멕시코 원산인 화목이며 처음에는 크리스마스와 아무런 관계도 없었던 꽃이었습니다.

그러나 이 꽃은, 꽃피는 시기가 추운 크리스마스 무렵이고, 이 무렵에는 포인세티아 이외에 다른 적당한 꽃이 없습니다.

그러므로 오래 전부터 이 꽃은 크리스마스 장식용으로 이용해왔고, 그 때문에 크리스마스와 깊은 관계를 맺게 된 것입니다.

대극과(大戟科)에 속하는 상록 관목으로 원산지인 멕시코에서는 3m 정도까지 크게 자라지만, 분재를 주로 하는 우리나라에서는 약 1m 정도의 크기로 키우는 것이 가장 알맞고 보기도 좋습니다.

대극과 식물의 특색은 식물체에 상처를 입히면, 그 상처로 흰 즙이 나오는 것이 특색인데 포인세티아도 마찬가지입니다.

우리가 꽃이라고 생각하며 보는 붉은 꽃잎은, 사실은 꽃이 아니고 잎이 변형한 꽃턱이며 진짜 꽃은 그 중심부에 있는 황록색의 둥근 것입니다.

단일식물(短日植物)의 대표격인 이 꽃나무는 10월이 되어 낮 시간이 점점 짧아짐에 따라 꽃눈이 형성되기 시작하고, 1년 중 낮 시간이 짧다는 동지(12월 22~23일) 무렵이 되면 꽃이 피고, 동지보다 2~3일 뒤인 크리스마스 무렵이 되면 꽃이 만개합니다.

예수가 십자가에서 흘린 피처럼 진한 선홍색의 꽃은 한 번 피면 오래오래 가고 약 두 달간이나 아름답게 피어 있습니다.

세계 3대 성인 중의 한 분인 예수님, 그 예수님의 성스러운 생일인 크리스마스는 이제 기독교인들 뿐만 아니라 온 세계 모든 사람들의 축제일로 된 듯합니다.

크리스마스가 시기적으로 연말과 가깝고, 학생들은 겨울 방학을 막 시작한 때이며, 망년회, 보너스, 연말 휴가 등등의 기쁜 일들이 모두 한꺼번에 겹쳐오는 시기이므로, 기독교인이 아닌 사람들까지 모두 축제 분위기에 젖어듭니다.

그래서 거리에 흘러 나오는 '크리스마스 캐럴'은 어린이들에게는 꿈을, 젊은이들에게는 사랑과 희망을, 노인들에게는 추억과 기쁨을 안겨줍니다.

원죄를 짓고 낙원에서 쫓겨난 우리 인간을 구원하기 위해 구세주 예수는 보배 피를 흘리셨고, 그 보배 피로 우리 인간들은 모두 구원을 받게 된다는 겁니다.

크리스마스는 그러한 예수님의 성스러운 생일이고, 아기 예수를 맞는 기쁘고도 경건한 날입니다.

그래서 온 세상은 크리스마스를 장식하고, 캐럴을 부르며, 크리스마스 트리를 만들고, 교회마다 종을 치고 찬양을 하는 겁니다.

그러나 'M.자코브'의 말에 의하면,

"가장 겸허하고 경건한 크리스마스 날에, 사탄은 악에 찬 마음으로 부정과 부패와 사기극을 만든다.

이날 수백만의 사람들이 아무 쓸모 없는 선물을 사기 위해 수백만 달러를 주고 받는다.

수천 개의 상점 판매원들은 물건을 팔기에 지쳐 죽을 것 같고, 아이들은 과식으로 고생을 하며, 어른들은 과음으로 쓰러질 것 같다.

이런 일들이 모두 겸손한 그리스도의 이름으로 자행되고 있다."

라고 한탄했습니다.

포인세티아

　분에 넘치는 선물을 주고 받고, 밤을 새워 시끌벅적하게 떠드는 것이 크리스마스가 아닙니다.
　참다운 크리스마스의 정신은, 가난한 사람에게 용기를 주고, 불행한 사람에게 소망을 주고, 불안한 사람에게 희망을 안겨 주는 것일 겁니다.
　아기들은 크리스마스가 되면 산타 클로스 할아버지가 선물을 갖다준다고, 이날을 손꼽아 기다립니다.
　그래서 그 고운 동심을 기쁘게 해주려고, 많은 사람들은 산타 할아버지가 아닌 산타 아버지, 산타 어머니가 되어 보신 경험을 가지셨을 겁니다.
　크리스마스 밤에 착한 어린이에게 선물을 가져다준다는 산타 할아버지는 어린아이들의 수호 성인으로 알려져 있습니다.
　산타 클로스란 말을 270년 소아시아 지방 리키아에서 출생한 세인트 니콜라스의 이름에서 유래된 것입니다.

그는 자선심이 지극히 많았던 사람이었으며, 후에 미라의 대주교(大主教)가 되었고, 카톨릭 교회에서는 오늘날까지 그를 성인으로 숭배하고 있는 훌륭한 분입니다.

기독교인은 물론이지만 기독교인이 아니더라도 우리 인류에게 많은 교훈을 남기고 참사랑를 일깨워준 아기 예수의 탄일을 기쁘고 경건하게 보낸다는 것은 지성인이 지켜야 할 기본 예절이라고 생각합니다.

나는 해마다 크리스마스가 오면 별과 종과 흰 눈을 생각합니다.

밤 하늘 저 높고 높은 곳에 반짝이는 별 속에

은은히 들려오는 맑고 고운 종소리 속에

온 천지의 더럽고 흉한 것들을 모두 덮어주는 깨끗한 눈 속에

거룩하고 성스럽고 참다운 크리스마스는 들어 있다고 합니다.

예수가 인류를 위해 흘린 피처럼 진한 포인세티아를 보며 즐거운 크리스마스와 희망찬 새해 되시기를 바랍니다.

46
피나무
(菩提樹)

　피나무는 우리나라 전국 산야에 넓게 분포하는 흔한 나무이며 주로 표고 100~1400m의 계곡과 산허리에 자생하는 피나뭇과에 속하는 낙엽활엽 교목입니다.
　수고 20m, 지름 1m에 달하는 커다란 이 나무는 토심이 깊고 비옥한 땅을 좋아하며 참나무, 두릅나무, 박달나무 등과 함께 혼생하고 있는 것이 보통입니다.
　목재는 질이 좋아서 우리 조상들은 옛부터 피나무를 통째로 파서 함지박, 나무 절구, 나무 바가지, 물통, 쇠죽통 등을 만드는 데 써 왔고, 특히 떡을 치는 안반으로도 많이 써 왔으며, 최근에는 비자나무나 은행나무가 귀해지자 바둑판, 장기판을 만드는 데도 이용하고 그 외에도 각종 예술 공예품과 조각품을 만드는 데도 쓰이고 있습니다.
　밥주걱, 나무젓가락, 제기 등을 만드는 데도 쓸 뿐만 아니라 피나무의 널빤지에는 그릇 자국이 나도 행주로 닦으면 감쪽같이 자국이 사라지는 성질이 있으므로 밥상의 천판용으로도 으뜸입니다.
　이와 같이 쓰임이 많은 피나무는 그 신기한 열매의 생김새 때문에 더욱 사람들의 주의를 끄는지도 모릅니다.
　9~10월경에 황백색으로 익는 열매는 마치 비행기의 프로펠러처럼 생긴 포(苞)의 가운데쯤에서 돋아난 열매 줄기에 붙어 있어서 참 신기하게

보입니다. 열매가 다 익은 다음에 바람이 불면 피나무의 열매는 이 프로펠러를 타고 멀리멀리 날아갈 수가 있는 것입니다.

벽오동나무의 열매는 작은 보트처럼 생긴 포 양쪽에 2~3개씩 달려 있으며 겨울 바람을 타고 멀리 날아가는데 피나무의 열매도 역시 바람을 타고 멀리 날아가는 것이 벽오동 씨앗과 같습니다.

피나무를 한자로는 피목(皮木) 혹은 보리수(菩提樹)라고 씁니다.

불교에서는 부처님이 길상초를 깔고 큰 나무 밑에 앉아서 성도(成道: 깨달음을 얻는 것)하셨다고 하는데, 그 나무 이름을 보리수(菩提樹)라고 합니다.

그런데 그 보리수는 우리나라에서 말하는 보리수(피나무)가 아니고 필발라수(畢鉢蘿樹 Pippala)라는 이름의 나무로 무화과나무와 비슷한 뽕나뭇과에 속하는 상록수로 힌두교도가 옛날부터 신성시하고 있는 나무입니다.

보리(菩提)라는 말은 불교의 용어이며, 범어의 Bodhi라는 말의 음역인데, 그 뜻은 '바른 깨달음', '바른 지혜', '바른 도리' 등 여러 가지 뜻을 가지고 있습니다.

'보리'라는 이름 때문에 그런지는 몰라도 우리나라의 보리수(피나무)도 불교와 관계를 맺고 있는 나무인 듯합니다.

여러 절에 가보면 자주 피나무를 절 경내에서 구경할 수 있는데 속리산 법주사 구내에도 모양이 좋은 피나무가 두 그루 잘 자라고 있고, 약수암 뒤뜰에도 커다란 피나무가 있습니다.

부처님이 그 밑에서 성도하신 바로 그 나무가 아니라서 좀 섭섭합니다만 그래도 피나무의 열매로 염주를 만들어서, 보리수 열매로 만든 염주라고 하며 지니고 다니는 것을 보면 모든 것은 마음 먹기에 달려 있다(一切唯心造)라는 것을 다시 실감합니다.

피나무의 껍질은 훌륭한 섬유질을 갖고 있어서 선박에서 쓰는 밧줄, 망, 끈 같은 것을 만드는 데 참 좋습니다. 인조 섬유로 만든 밧줄은 질기기는 해도 너무 미끄러워서 닥나무 밧줄보다 다루기가 불편하답니다.

초여름에 피는 피나무의 꽃은 많은 황색의 수술이 밖으로 나와 있어서 향기롭고 부드러운 느낌을 줄 뿐만 아니라 그 속에 많은 꿀이 있어서, 아카시아, 밤나무, 싸리나무와 함께 중요한 밀원 식물이기도 합니다.
 프랑스에서는 피나무의 꽃과 어린 잎으로 차를 만들어서 마신다고 하는데 곳곳에 피나무 찻집이 많이 있다고 합니다.
 그리스 포리지아의 언덕 위에는 커다란 보리수와 참나무가 한 쌍 서 있는데 그 나무에 대해서 다음과 같은 전설이 있습니다.
 옛날에 포리지아 언덕에서 조금 떨어진 곳에 큰 늪이 하나 있는데, 그 늪 자리는 그때 아주 권세가 당당한 사람들이 살던 마을이었다고 합니다.
 어느 날 주피터가 그의 아들 머큐리와 함께 가난한 나그네 모양으로 가장하고 집집을 찾아 다니며 하룻밤 재워 줄 것을 애원했습니다.
 날씨가 쌀쌀하고 밤이 늦었는데도 그 마을 사람들은 아무도 주피터 부자를 재워 주지 않았습니다.
 그러나 가난한 초가에 사는 보키스 할머니와 필레몬 할아버지는 두 사람을 집 안으로 불러들여 부족한 찬이지만 정성껏 음식을 마련해 주고 따뜻한 잠자리도 돌봐 주었습니다.
 두 노인들의 친절에 감격한 주피터는 자기들이 누구라는 것을 밝히고 이처럼 사랑과 인정이 없는 마을은 곧 멸망시킬 터이니 두 노인은 우리를 따라오라는 것이었습니다.
 두 노인은 시키는 대로 신을 따라 포리지아 언덕에 이르러 뒤를 돌아보니, 마을은 어느새 늪으로 변해버렸고 그 많던 집들은 하나도 보이지가 않았습니다.
 그러나 이상하게도 그들이 살던 오막살이집은 대리석의 커다란 신전으로 변해 있었습니다.
 주피터는 두 노인에게 원하는 일은 무엇이든지 모두 들어줄테니 소원을 말해보라고 하였습니다.
 겸손한 노인들은, 자기들을 신전의 문지기가 되게 해서 부부가 함께 일하게 하고, 건강하게 오래 살다가 죽을 때는 같은 날 같은 시에 죽게 해달라고 부탁하였습니다.
 주피터는 그렇게 해주겠다고 약속을 하고 어디론가 가버렸습니다.
 할머니와 할아버지는 그후 그 신전에서 오래오래 정답게 살다가 하루는

피나무

언덕에 앉아 지나온 이야기를 하며 쉬는데, 갑자기 몸에서 나뭇잎이 돋아나서 필레몬은 피나무로, 보키스는 참나무로 변해서 포리지아 언덕 위에 서로 마주보며 서 있게 된 것이라고 합니다.

그래서 서양에서는 피나무를 부부의 사랑을 상징하는 나무라고 한답니다. 피나무의 한방약 이름은 피목화(皮木花), 가수화(椵樹花)이며 피나무의 꽃을 약으로 씁니다.

꽃이 피기 시작할 무렵에 채취해서 햇볕에 말린 다음 꽃자루를 제거하고 사용합니다. 해열, 진경, 땀을 나게 하는 작용을 하므로 감기로 인해 열이 나는 증상에 효능이 크다고 합니다.

1827년 뮐러의 시에 슈베르트가 곡을 붙인 가곡 보리수(Der Linden Baum)의 보리수(菩提樹)도 바로 이 피나무를 두고 노래한 것입니다.

바람이 세차게 불어대는 어느 겨울 밤, 가지마다 많은 추억이 걸려 있는 우물가의 보리수 곁을 지나 사랑하는 여인이 사는 마을을 정처없이 떠나는 실연당한 한 젊은이의 애절한 심정을 노래하고 있는 이 노래는, 샘물 흐르는 소리, 바람이 스쳐가는 보리수 나뭇잎의 수런거리는 소리 등이 잘 묘사되어 있으며 특히 민요풍의 선율은 소박하면서도 아름다워 많은 사람들에게 공감을 주어 오늘날까지도 친근감을 갖고 애창하는 노래입니다. 이 기회에 다시 한 번 정겨운 노래 '보리수'를 불러 보시기 바랍니다.

성문 앞 우물 곁에 서 있는 보리수
나는 그 그늘 아래서 단꿈을 꾸었네
가지에 사랑의 말 새기어 놓고서
기쁘나 슬플 때나 찾아온 나무 밑
찾아온 나무 밑

47
해당화

　동해에 빼어난 절경과 명승지를 옛사람들은 관동 팔경이라고 이름하여 많은 풍류객들이 즐겨 찾던 곳인데, 이를 열거하면, 간성의 청간정, 강릉의 경포대, 고성의 삼일포, 삼척의 죽서루, 양양의 낙산사, 울진의 망양정, 통천의 총석정, 평해의 월송정 등입니다.
　관동 팔경에 들지 않지만 원산의 명사 십리는 고운 모래와 동해의 푸른 물결, 그리고 흰 모래 위에 피는 피보다 진한 붉은 해당화꽃으로 옛부터 유명한 곳입니다.
　그러므로 명사 십리하면 곧 해당화가 생각날 정도로 '명사 십리 해당화'는 우리네 마음속에 깊이 새겨져 있습니다.

　　명사 십리 해당화야
　　꽃 진다고 싫어 말며
　　잎 핀다고 싫어 말라
　　삼동 석달 꼭 죽었다
　　명년 삼월 다시 오리

　위 노래는 항간에서 흔히 부르던 노래입니다.
　명사 십리는 38선 이북에 있으므로 지금은 거기서 피는 해당화를 구경

해당화

할 수가 없으나 평해나 대진 등 남쪽 동해안 모래 위에 핀 붉은 해당화를 구경할 수 있습니다.

　바다 바람이 세차게 불어 닥치는 메마른 모래 사장에 어쩌면 그다지도 고운 꽃을 잘 피우는지 무척 대견하고 신통합니다.

　그래서 이와 같이 어려운 역경 속에서도 아름다운 꽃을 피우는 해당화에 대한 노래와 시가 옛부터 참 많습니다.

　그러나 역사상 오직 한 사람, 두보는 의도적으로 해당화에 관한 글이나 시를 짓지 않았는데, 그 이유는 두보의 어머니 이름이 해당 부인이었기 때문에 아무리 꽃이라도 자기 어머니 이름을 부르기 송구스러워서였다고 합니다.

사람들은 그러한 두보의 효심에 크게 감탄하였습니다.

온갖 꽃 다 지고 봄은 가는데	百花春已晚
오직 해당화 꽃만이 붉게 피었네	只有海棠花
이 꽃마저 저버리면	海棠若又盡
다시 봄다운 꽃 어이 볼꺼나	春事空復空

위의 시는, 평생 남자로 태어나지 못한 것을 천추의 한으로 생각하고 살다가, 드디어 남장을 하고 여러 곳을 구경한 다음 금강산까지도 유람하고 나중에는 김덕희와 인연을 맺어 그의 소실이 된 여류 시인 금원(錦園 1804~?)이 지은 '해당화'라는 시입니다.

금원은 남자로 태어나지 못한 것을 한스럽게 생각하였지만 잘 생각해 보면 남자의 일생이란 너무나 덧없는 것이 아닌가 싶습니다.

남자의 일생이란 태어나서 자라고 노쇠해지고 그리고 병들어 죽는 것. 그것이 전부가 아닐까요.

남자는 직접 새로운 생명체를 낳지 못하고 오직 여자가 생명체를 낳을 수 있도록 보조 역할을 해 줄 뿐인데, 이는 생물로서 크나큰 결함이라고 할 수밖에 없습니다.

그러므로 남자는 생명을 낳을 수 있는 여자의 보조 보호 역할을 하면서 여자에게 의지해서 살다가 슬픈 일생을 마칠 가엾은 생물입니다.

다시 말하면 여자는 생명체를 낳기 위해, 남자는 그러한 여자를 돕기 위해 이 세상에 태어났으니, 여자는 주역이고 남자는 엑스트라에 불과하다고 할 수 있습니다.

그러므로 여자가 삶의 참된 중심이고 절대자이며 남자는 한낱 여자의 시종에 불과한 것이 아닐까요.

해당화는 장미과에 속하는 낙엽 활엽 관목이며 높이 1m가량 자라는 작은 나무입니다. 개나리처럼 뿌리 부근에서 많은 줄기가 나와 대군집을 형성하면서 자라는데, 바닷가 모래 사장과 낮은 언덕 등에 순비기나무 등과 혼생하여 있는 것을 흔히 볼 수 있습니다.

당나라의 현종 황제(713~756)가 따뜻한 어느 날 심향전에 올라가 화창한 봄날을 즐기다가 항상 아끼고 사랑하는 양귀비를 불렀습니다.

그러나 그때, 양귀비는 지난밤 연회 때 황제와 함께 마신 술이 깨지 않아 자리에 누워 있었는데 황제의 부름을 받고 황급히 일어나기는 했지만 도저히 혼자 걸을 수가 없었습니다. 때문에 시녀들의 부축을 받으며 황제 앞에 나오니 백옥 같이 흰 얼굴 양볼에는 불그레한 홍조가 곱게 피어 있고, 두 눈은 꿈꾸듯 가느다랗게 뜨고, 몇 가닥 흐트러진 머리카락이 이마에 나부끼는 모습은 말할 수 없이 예쁘기만 하였습니다.

황제는 한동안 물끄러미 바라다보고만 있다가 양귀비에게 다가가서 다정하게 물었습니다.

"너는 아직도 취해 있느냐?"

그러자 양귀비는,

"해당화의 잠이 아직 깨지 않습니다(海棠睡未覺)."

라고 대답을 했는데 얼굴이 붉게 된 자신을 해당화에 비유해서 즉석에서 재치 있는 대답을 한 것입니다.

이때부터 중국에서는 해당화를 수화(睡花:잠자는 꽃)라고도 하고, 술에 취해 아직 잠이 덜 깬 얼굴을 하고 있을 때 '海棠睡未覺'이라는 표현을 잘 쓰게 되었다고 합니다.

해당화의 꽃말은 이와는 관계없이 '원망', '온화'입니다.

그러나 양귀비와 현종 황제 이야기 속에 해당화는 지금 우리가 말하는 가지에 가시 돋친 해당화가 아니고, 보통 꽃사과라고 부르는 아그배 꽃을 말하는 것입니다. 다만 이름이 같기 때문에 혼용하고 있을 따름입니다.

꽃은 5~8월에 새로 자란 다년생 가지 끝에 붉게 피고 노란 수술과 어울려 무척 아름답고 향기가 진합니다. 그래서 해당화 꽃은 향수의 원료가 되기도 합니다.

온 가지에 작은 가시가 꽉 나 있어서 잘못 꽃을 꺾으려고 하면, 가시에 찔리기 마련입니다.

생약명으로 매괴화(玫瑰花)라고 하는 해당화의 꽃은 수렴, 지사, 지혈, 진통 등의 효능을 가지고 있습니다.

그러므로 대장 카타르, 각혈, 토혈, 풍과 습기로 인한 마비, 옆구리 결리는 증세, 월경 불순 등에 쓰인다고 합니다.

열매에는 비타민C가 많이 들어 있고 맛이 배와 비슷해서 그대로 먹을 수 있으나 알이 너무 작으므로 잼으로 가공해서 먹는 것이 더 이용 가치가 있습니다.

번식은 포기나누기가 가장 용이하고 꺾꽂이를 해도 잘 자라며, 종자로 대량 번식할 경우에는 가을에 채취한 종자를 노천 매장해 두었다가 다음 해 봄에 파종합니다.

가시가 많으므로 정원에 심기는 곤란하고 울타리나 넓은 화단 한쪽에 심는 것이 좋습니다.

48
호랑가시나무

세상에는 이상한 동식물들이 참 많은데, 호랑가시나무도 그러한 식물 중의 하나입니다.

자기의 몸을 보호하기 위하여 어린가지나 줄기에 가시가 돋친 것은 흔히 볼 수 있는 일이지만 잎에 가시가 돋친 것은 호랑가시나무 외에 별로 없는 듯합니다.

길쭉한 6각형 모양의 잎은 거북이처럼 등이 볼록하게 부풀어오르기도 하고, 뒤틀리고 꼬이기도 하고, 불규칙적으로 뒤집어지기도 하였으며, 표면에는 짙은 녹색의 광택이 나고, 잎 전체는 가죽처럼 빳빳하며 단단해 보입니다.

그리고 그 잎 가장자리에 날카로운 가시가 돋쳐 잘못 손을 댓다가는 상처를 입습니다.

호랑가시나무의 가시는 너무나 날카롭고 모질어서, 나뭇잎에 피부가 스치기만 하면 잎 한 개에 5~6개 정도 붙어 있는 날카로운 가시가 사정없이 상처를 내어 피를 흘리게 합니다.

가장 부드러워야 할 잎에 이렇게 모진 가시가 돋아 있다는 것이 다른 나무와 너무나 다른 점입니다.

호랑가시나무의 가시는 우리의 몸을 찔러 상처를 내지만 눈에 보이지도 않는 마음을 찔러 상처를 내는 더 무서운 가시도 있습니다.

어떠한 날카로운 가시보다도 더 큰 상처를 마음에 입힐 수도 있는 것은 다름아닌 바로 가시 돋친 말입니다.

사람은 칼을 사용하지 않더라도 가시 돋친 말로써 상대의 가슴을 찔러 그 가슴에 아픈 상처를 낼 수 있고, 그 상처는 평생 아물지 않고 가슴속에 큰 아픔을 남긴 채 평생을 살아가게 하는 모진 말도 있는 것입니다.

그러므로 사람의 교양과 인격은 그 사람이 말을 어떻게 하느냐에 달려 있다고 해도 좋을 것입니다.

분별력이 있고 억제할 줄 아는 사람은 다른 사람의 마음을 상하게 하는 가시 돋친 말은 입에 담지 않습니다.

그런데 둔하고 어리석은 사람은 자기의 감정을 아무 생각없이 함부로 말을 해서, 설사 그 말이 농담이라고 해도 상대방에게 상처를 입히고 마는 경우가 많습니다.

'현인의 입은 마음속에 있고, 어리석은 사람의 마음은 입에 있다.'라고 '솔로몬'은 말하였습니다.

'거위의 울음소리가 사자의 발톱보다 아픔을 느끼게 할 때가 있다.'라는 스페인의 속담도 마음에 주는 상처가 더 큼을 나타내는 말입니다.

호랑가시나무를 잘 모르시는 분이라도, 해마다 쏟아져 나오는 많은 크리스마스카드 중에서 가시 돋친 긴 6각형 모양의 푸른 잎과 붉은 열매가 그려진 나무 그림이나 사진을 보았을 것입니다.

그 잎과 열매가 바로 호랑가시나무의 열매고 잎입니다.

호랑가시나무가 크리스마스 장식에 쓰이게 된 데에는 다음과 같은 전설 때문이라고 생각합니다.

예수께서 가시 면류관을 쓰고 이마에 파고드는 날카로운 가시의 고통을 감당하며 피를 흘릴 때, 그 아픔을 자기의 아픔으로 생각하며, 예수님의 고통을 덜어 드리려고, 예수님의 이마에 박힌 가시를 자기의 부리로 꼭 뽑아야 한다고 생각하고 가시에 도전한 갸륵한 작은 새가 있었습니다.

로빈(Robin : 유럽산의 지빠귀과의 티티새)이라고 하는 이 작은 새는 혼신의 힘을 다하여 예수님의 이마에 박힌 가시를 뽑기 위해 여러 번 시도했으나 그때마다 자기도 가시에 찔려 가슴이 온통 피로 붉게 물들었으며 드디어 그 새는 죽고 말았습니다.

그때 흘린 붉은 피는 로빈새의 앞 가슴을 오늘날까지도 붉은색으로 만들었는데, 그 로빈새가 호랑가시나무 열매를 참 잘 먹는답니다.

프랑스에서는 지금도 로빈이 잘먹는 호랑가시나무 열매를 함부로 따서 버리거나 발로 밟아 새가 먹지 못하도록 한다면 집안에 재앙이 들거나 재수가 없어진다고 하는 속설이 있답니다.

영국에서는 이 나무로 지팡이를 만들어서 짚고 다니면 사나운 맹수나 미친 개가 달려들지 않는다고 하고, 모든 위험한 일을 막을 수 있다고 하여 호랑가시나무로 만든 지팡이가 무척 귀하고 비싼 것이라고 합니다.

크리스마스 때 선물로 받은 호랑가시나무의 가시가 연하고 부드러우면 그해에는 부인이 더 기세가 세고, 가시가 억세고 많이 날카로우면 남편이 가정의 주도권을 잡는 한해가 된다고 하는 이야기도 있습니다.

그래서 서양에서는 호랑가시나무를 소중히 아끼고 신성시하며 재수 좋은 나무라고 생각하여 크리스마스 장식에까지 이용하는 것입니다.

감탕나뭇과에 속하는 상록 활엽 소교목인 이 나무는 우리나라에서도 변산반도와 완도, 제주도에 자생하는데 주로 표고 100m 이하인 저지대의 산록 양지쪽이나 하천변에 많이 자랍니다.

그러나 우리나라에서는 이 나무가 서양에서처럼 좋은 대접을 받지 못하는 나무중의 하나입니다.

좋은 대접은 고사하고 못쓰고 귀찮은 존재이며 있어서는 안 될 나무로 취급 받아온 나무입니다.

잎은 가시가 돋쳐 전연 쓸모가 없고, 나무가 작아서 좋은 목재를 얻을 수도 없을 뿐 아니라 먹을 수 있는 좋은 열매도 열리지 않으므로 목동들은 이 나무를 만나면 낫으로 모두 베어 버리는 실정이었습니다.

일부 지방에서는 이 나무를 호랑이발톱이라고 부르기도 하며 안 좋은 나무로 푸대접하여 왔습니다.

우리나라는 국토의 약 70%가 산으로 이루어진 산악국이므로 일찍부터 호랑이가 많이 서식하는 호랑이의 나라였습니다.

그래서 호랑이는 우리의 민속 속에 깊숙이 파고들어 왔으며, 건국 신화에도 곰과 호랑이가 나타났고, 지난 88올림픽 때도 우리나라를 상징하는 동물로 한몫을 단단히 하였습니다.

사나운 호랑이에게 많은 피해를 당하며 살다가 보니, 호랑이를 두려워하는 본능은 급기야 호랑이를 신앙의 대상으로까지 올려놓게 되었으며, 그러한 사상은 다시 산악 숭배 사상과 융합되어 산속의 왕자인 호랑이를 산신령 또는 산신의 시자라고 생각하기에 이르러, 호랑이에게 제사까지 지내는 풍속마저 생기게 되었습니다.

그 호랑이의 가장 무서운 무기가 날카로운 발톱과 무서운 이빨입니다.

호랑가시나무에는 그러한 호랑이의 날카로운 발톱이 온 나무 전체에 빈 틈없이 붙어 있으니 나무 중에서 가장 무섭고 힘이 센 나무라고 할 수 있겠습니다.

꽃은 4~5월이 되면 잎겨드랑이에서 5송이씩 뭉쳐서 피며, 4장의 꽃잎과 4개의 수술 그리고 머리가 네 갈래로 갈라진 암술을 갖춘 흰꽃이 곱게 피는데 향기가 아주 진하고 좋습니다.

지름 8~10㎜ 정도의 작고 붉은 열매는 9~10월에 익어, 나무에 달린 채 월동을 합니다.

잎을 한방에서는 구골엽(枸骨葉) 혹은 묘아자(猫兒刺)라고 하며, 가을에 따서 약재로 씁니다.

함유된 성분에 대해서는 아직 확실한 기록이 없으나, 거풍, 강장 등의 효능이 있다는 것이 알려져, 허리와 무릎이 저리고 아픈 증세, 풍으로 인한 마비통증, 결핵성 기침 등에 효과가 있다고 합니다.

열매는 한방명으로 구골자(枸骨子)라고 하고, 겨울에 채취하여 햇볕에 말려서 약으로 쓰는데, 강정 효과와 혈액 순환을 도우므로 신체 허약증, 유정(遺精), 뼈와 근육이 쑤시고 아픈 증세 등에 쓰입니다.

또한 열매를 10배량의 소주에 담그면 구골주(枸骨酒)라는 약술이 되는데, 이를 마시면 피로 회복에 참 좋다고 합니다.

번식은 삽목과 파종 두 가지 중 어느 것이라도 좋은데 좋은 품종을 얻으려면 삽목에 의하는 것이 더 좋습니다.

  삽목 시기는 여름이며 당년에 자란 건강하고 굵은 가지를 골라 약 10 cm 정도로 자른 다음 진흙 경단을 붙여 모래에 반쯤 꽂고 마르지 않도록 물을 주면 됩니다.

  추위에 약하므로 내륙 지방에서는 온실 안에서 월동을 시켜야 합니다.

49
회화나무

　콩과에 속하는 낙엽 교목인 이 나무는 옛부터 격조 높은 정자나무로서 많이 심어 왔으며 높이 30m, 지름 약 2m까지 자라는 이 거목의 작은 가지는 녹색이고 자르면 속껍질이 노랗고 특유한 냄새가 납니다.
　잎은 어긋나고 깃털형이며 작은 잎은 7~17장이고 느티나무 잎 비슷하며 뒷면에는 작은 잎자루와 더불어 누런 털이 있습니다.
　느티나무의 수형(樹形)이 질서 정연한 규칙적인 것이라면 이 나무의 수형(樹形)은 일정한 규칙이 없고 나무마다 다르며 자유 분방한 특유의 모양을 갖추고 있어서 옛선비들은 특히 이 나무를 좋아했답니다.
　옛날에는 이 나무를 집 안이나 정자 앞에 심어야 그 집안이나 그 마을에 큰 학자가 나온다고 하였는데 이는 회화나무의 가지가 허공으로 자라가는 모양이 어떠한 규칙에도 얽매이지 않고 가장 독창적으로, 그러면서도 조화 있게 자라남과 같이 학문의 길도 남이 만들어 놓은 범주를 뛰어넘어, 개성 있는 깊이 있는 독창의 분야를 개척하라는 뜻에서 이 나무를 심으라고 했는지 모릅니다. 그래서인지 중국에서는 이 회화나무를 학자수(學者樹)라고도 부른답니다.
　안동 시내에도 무척 오래된 회화나무가, 안동군청 경내, 안동댐 진입로 등 여러 곳에 많이 자라고 있는데 이들 나무들은 옛날에 맹사성(孟思誠: 1360~1438)이 심은 것이라는 전설이 있습니다.

맹(孟) 정승께서는 한때 안동부사(安東府使)로 계셨는데, 부임한지 얼마 후 안동부내를 순찰을 하였답니다. 그런데 시내를 돌아보니 슬피우는 여인의 울음 소리가 여러 곳에서 많이 나는 것을 듣고 그 연유를 물은즉 안동에는 오래 전부터 젊은 과부가 많이 생기며, 그 울음 소리는 남편을 잃은 젊은 과부들의 슬픈 곡성이라고 하는 것을 들었습니다. 그래서 풍수지리학(風水地理學)에 통달한 맹 부사는 안동의 지세(地勢)를 세밀히 관찰해 보니 과연 안동은 과부가 많이 날 지형을 갖추고 있더라는 것입니다. 그래서 이 증후를 고치기 위해서 시내 여러 곳에 회화나무를 심었다고 합니다.

회화나무에는 잡귀신(雜鬼神)은 감히 범접을 못하고 대신(大神)만이 쉬어 가는 나무라고 합니다. 그래서 이 나무를 집 안이나 동네 안에 심으면 잡귀의 침입을 막아서 집안과 마을이 평안하다고 합니다.

8월이 되면 연노랑색의 꽃이 피는데 이 꽃을 괴화(槐花)라고 하며 그 꽃 속에는 20~30% 가량의 루틴(Rutin)이라는 황색소가 들어 있으며, 이 루틴(Rutin)은 고혈압의 예방, 지혈, 진경, 혈변, 토혈, 대하증 등의 약으로 쓰입니다. 또 그 꽃을 모아 솥에 넣고 달이면 노란 색소가 우러나오는데 그 노란 물에 문종이를 담가서 노랗게 물을 들인 것에 부적을 써야, 진짜 부적으로서의 가치가 있다고 합니다.

풍수지리설과 맹 부사와 안동에 얽힌 이야기는 이 밖에도 또 있습니다. 맹사성 부사(孟思誠 府使)가 안동에 부임했을 때 안동에는 눈병을 앓은 사람이 퍽 많았다고 합니다. 부사가 이상히 여겨 잘 조사를 해보니 안동부(安東府) 서북방에 한 개의 산이 있는데 이것이 안동읍기(安東邑基)에 대하여 고사(瞽沙=장님을 만드는 모래)가 되어 있다는 것을 발견하였고 안동 사람들의 안질 환자가 많은 것은 그 때문이라는 것을 알았습니다. 그래서 맹 부사는 그 산 이름을 천등산(天燈山)이라고 고치고, 그 산 허리에 있는 절 이름도 개목사(開目寺)라고 부르게 하였는데 그 뒤로는 눈병을 앓은 자가 완전히 사라졌다고 합니다. 지금도 천등산에는 해발 약 400m 능선에 조선 세조 3년(1457)에 지었다는 고찰이 있습니다.

또 지금은 도시 개발에 의해 베어 버렸습니다만, 안동경찰서, 안동법원

가까운 안동군청 앞에 큰 회화나무가 한 그루 있었습니다. 이 나무를 안동에서는 한때 '걱정 나무'라고 불렀습니다. 일제시대 때 경찰서나 법원으로 호출되어 오는 촌사람들은 지금처럼 다방이나 기타 적당한 기다림의 장소가 없는 시절이라 모두들 이 나무 밑에서 시간이 되기를 기다려서 법원이나 경찰서로 가는 만남과 기다림의 장소였습니다. 그런데 그때, 경찰서나 법원에 불려가는 것은 모두 걱정스러운 일이지 기쁜 일이 아니어서 걱정 많은 사람들이 모이는 나무라고 '걱정 나무'라는 별명이 붙은 듯합니다. 내가 어릴 때만해도 무심히 이 나무 밑을 지나노라면, 맹 부사가 이 나무를 심은 뜻과는 전연 다른 뜻으로, 얼굴에 수심이 가득 찬 사람들만이 초조히 앉아 있는 모습을 많이 봤습니다.

안동댐 입구에 있는 회화나무는 포장된 아스팔트 한복판에 자리잡고 있어서 통행에 방해가 된다고, 한때 베어 버린다고 하는 말까지 있었으나, 전통 문화를 사랑하는 사람들의 배려로 베지 않고 살려둔 것이 여간 다행한 일이 아니라고 생각합니다. 그러나 차량 통행에 지장이 있다고 아랫가지를 모두 잘라 버려 볼품 없이 만들어 놓는데 대해서는 무척 유감입니다. 그 나무의 한 가지가 생기는 데는 300년이 걸린다고 하면, 그 한 가지를 자르는 데는 300초도 걸리지 않습니다. 모든 나무는 윗가지는 잘라도 다시 잘 날 수가 있으나 아랫가지는 한 번 자르면 영영 다시 나지 않는 경우가 참 많습니다. 함부로 자르는 고목의 가지 하나가 바로 우리의 자연과 우리의 문화를 훼손하는 것이라는 것을 잘 알고 신중에 신중을 기해야 할 것입니다.

안동 군청 청사 안에도 이 유서 깊은 회화나무 고목이 있는데, 군청 청사를 새로 지을 때 이 나무의 가지를 자르지 않으려고 설계 변경을 하여 나무를 살린 따스함을 안동 사람들은 베풀었습니다.

안동댐 입구의 회화나무에도 다음과 같은 이야기가 있습니다. 그 나무 바로 북쪽에 임청각이라는 99칸짜리 기와집과 7층 전탑이 있는데 집과 탑과 나무에 얽힌 이야기입니다.

옛날 옛날 낙동강변에는 많은 도깨비와 물귀신이 살았는데, 물귀신과 도깨비는 늘 서로 자기가 재주가 좋고, 자기가 대장이라고 다투어 왔습니

49 • 회화나무   253

회화나무

다. 그래서 물귀신과 도깨비 사이에는 항상 분쟁이 그치지 않았습니다. 그러던 어느 날 물귀신의 우두머리와 도깨비의 우두머리는 회화나무 밑에서 만나 늘 서로 싸울 것이 아니라 서로 재주 겨루기를 하여 이기는 쪽이 대장이 되기로 하자고 하였습니다. 그런데 그 재주 겨루기란 6월 유둣날 하룻밤 사이에 물귀신은 100칸짜리 집을 짓고 도깨비는 7층 전탑을 쌓는 것이랍니다. 물귀신과 도깨비는 온 낙동강변에 기별을 하여 서로서로 물귀신과 도깨비들을 불러모아 유둣날이 되기를 기다렸습니다.

해가 지고 날이 어두워지자 물귀신과 도깨비들은 모두 열심히 일을 하였습니다. 도깨비들은 열심히 벽돌을 구어서 탑을 쌓고, 물귀신은 나무를 다듬어서 쉬지 않고 집을 지었습니다. 분주히 일하는 사이에 시간은 흘러 새벽이 되었습니다. 그리고 새벽을 알리는 닭 우는 소리가 먼데서 들려왔습니다. 도깨비와 물귀신은 깜짝 놀라 하던 일을 멈추고 어디론가 모두 숨어버렸습니다.

그런데 그때까지 도깨비는 7층 탑을 완성하였는데 물귀신은 집을 99칸밖에 짓지 못하여 시합에서 지고 말았습니다. 도깨비가 이겨서 대장이 된 것입니다. 그래서 그후부터 물귀신은 분한 나머지 누구라도 99칸 이상 되는 집을 짓는 사람이 있으면 그 사람을 물로 끌고 들어가서 죽게 하였다고 합니다. 그래서 옛날에는 아무도 99칸 이상 되는 집을 짓지 않았다고 합니다.

회화나무는 회나무라고도 하는데, 한자로는 회목(槐木) 혹은 괴목(槐木)이라고도 쓰며, 중국 원산이라 하며 중국에는 가로수로 심은 곳도 있다고 합니다.

꽃은 봉오리 때 채취하여 꽃술을 버리고 그늘에 말려 두었다가 차로도 쓰는데 이를 괴화차(槐花茶)라고 합니다. 마른 꽃잎을 잠깐 볶아 물 500 cc에 꽃잎 10 g 의 비율로 뭉근한 불에 천천히 달인 후 꿀을 타서 마시는데, 특히 중국 사람들이 좋아하는 차이지만 과음은 피하는 것이 좋습니다.

열매는 10월에 익고 담황색이며 허리가 잘록한 모양은 마치 작은 조롱박과도 흡사하고 염주와도 비슷하며 목재는 가구 공예품 등으로 쓰입니다. 토질을 가리지 않고 아무데서나 잘사는 친근한 이 나무는 우리의 강산을 더욱 돋보이게 꾸며 주는 소중한 나무입니다.

우리도 이 나무의 가지가 아무것도 구애됨 없이 자유로이 허공에 가지를 마음껏 펴 나가듯이 우리의 꿈과 이상도 저 푸른 하늘에 무한히 펼쳐보며 한세상 살고 싶을 따름입니다.

재미있는 (속) 나무이야기

발행일 2016년 3월 10일
펴낸이 • 김철영
펴낸곳 • 전원문화사
　　　　서울시 강서구 등촌3동 684-1
　　　　　　에이스 테크노타워 203호
　　　　　T. 6735-2100 / F. 6735-2103
등록 • 1977. 5. 23. 제 6-23호
Copyright ⓒ 1991 by Jeon-won Publishing co.
파본은 교환해 드립니다.
정가 • 13,000원